Guillaume Saint-Girons

Boîtes quantiques d'In(Ga)As pour l'émission autour de 1,3 µm sur GaAs

Guillaume Saint-Girons

Boîtes quantiques d'In(Ga)As pour l'émission autour de 1,3 µm sur GaAs

Nanostructures pour l'optoélectronique

Presses Académiques Francophones

Mentions légales / Imprint (applicable pour l'Allemagne seulement / only for Germany)
Information bibliographique publiée par la Deutsche Nationalbibliothek: La Deutsche Nationalbibliothek inscrit cette publication à la Deutsche Nationalbibliografie; des données bibliographiques détaillées sont disponibles sur internet à l'adresse http://dnb.d-nb.de.
Toutes marques et noms de produits mentionnés dans ce livre demeurent sous la protection des marques, des marques déposées et des brevets, et sont des marques ou des marques déposées de leurs détenteurs respectifs. L'utilisation des marques, noms de produits, noms communs, noms commerciaux, descriptions de produits, etc, même sans qu'ils soient mentionnés de façon particulière dans ce livre ne signifie en aucune façon que ces noms peuvent être utilisés sans restriction à l'égard de la législation pour la protection des marques et des marques déposées et pourraient donc être utilisés par quiconque.

Photo de la couverture: www.ingimage.com

Editeur: Presses Académiques Francophones est une marque déposée de
Südwestdeutscher Verlag für Hochschulschriften GmbH & Co. KG
Heinrich-Böcking-Str. 6-8, 66121 Sarrebruck, Allemagne
Téléphone +49 681 37 20 271-1, Fax +49 681 37 20 271-0
Email: info@presses-academiques.com

Produit en Allemagne:
Schaltungsdienst Lange o.H.G., Berlin
Books on Demand GmbH, Norderstedt
Reha GmbH, Saarbrücken
Amazon Distribution GmbH, Leipzig
ISBN: 978-3-8381-8975-8

Imprint (only for USA, GB)
Bibliographic information published by the Deutsche Nationalbibliothek: The Deutsche Nationalbibliothek lists this publication in the Deutsche Nationalbibliografie; detailed bibliographic data are available in the Internet at http://dnb.d-nb.de.
Any brand names and product names mentioned in this book are subject to trademark, brand or patent protection and are trademarks or registered trademarks of their respective holders. The use of brand names, product names, common names, trade names, product descriptions etc. even without a particular marking in this works is in no way to be construed to mean that such names may be regarded as unrestricted in respect of trademark and brand protection legislation and could thus be used by anyone.

Cover image: www.ingimage.com

Publisher: Presses Académiques Francophones is an imprint of the publishing house
Südwestdeutscher Verlag für Hochschulschriften GmbH & Co. KG
Heinrich-Böcking-Str. 6-8, 66121 Saarbrücken, Germany
Phone +49 681 37 20 271-1, Fax +49 681 37 20 271-0
Email: info@presses-academiques.com

Printed in the U.S.A.
Printed in the U.K. by (see last page)
ISBN: 978-3-8381-8975-8

Sommaire

Introduction

La demande croissante de transmission d'informations, notamment stimulée par la croissance de l'Internet, impose aujourd'hui d'importants progrès des sources optiques semi-conductrices, et ce à tous les niveaux du réseau.

Le multiplexage en longueurs d'onde (Wavelength Division Multiplexing : WDM) permet actuellement de transporter simultanément jusqu'à 50 canaux espacés de 100 GHz sur une seule fibre optique. Sur chacun de ces canaux, le multiplexage temporel (Time Division Multiplexing : TDM) permet d'obtenir des débits allant jusqu'à 10 Gbit/s.

L'augmentation de la compacité et de la flexibilité des systèmes nécessite l'emploi de sources laser verticales émettant par la surface (Vertical Cavity Surface Emitting Lasers : VCSELs). La fabrication de ces sources est par ailleurs peu coûteuse, et le faisceau émis par les VCSELs présente une divergence plus faible que celle des lasers « classiques » émettant par la tranche. Il est ainsi plus facile de le coupler à une fibre optique. Enfin les VCSELs doivent fonctionner autour de 1,55 µm (minimum d'absorption des fibres optiques) pour les réseaux de longue distance, et autour de 1,3 µm (annulation de la dispersion des fibres optiques) pour les réseaux locaux.

Sources optiques semi-conductrices pour les applications aux télécommunications

Actuellement, les sources optiques commercialisées fonctionnant aux minima de dispersion (1,3 µm) et d'absorption (1,55 µm) des fibres optiques sont des lasers à émission par la tranche réalisés sur substrat d'InP. Ce type de composants constitue environ 60 % du marché global des lasers à semi-conducteurs. Cependant ils présentent un certain nombre de limitations :

- le faible confinement des porteurs dans la bande de conduction de ces structures ainsi que l'effet Auger les rendent trop sensibles à la température. Il est donc nécessaire d'intégrer dans les dispositifs des modules coûteux de régulation thermique.

- le faible contraste d'indices optiques disponible dans ce système de matériaux rend délicate la croissance des empilements de Bragg de forte réflectivité nécessaires à la réalisation de VCSELs. Ces empilements doivent comporter un grand nombre de couches quart d'onde pour compenser la faible différence d'indices optiques, et le maintien de l'accord de maille entre le substrat et les matériaux qui les composent pendant toute la durée de la croissance est particulièrement difficile.

- enfin les substrats d'InP sont fragiles, coûteux, et de surface limitée (diamètre inférieur à quatre pouces).

En comparaison, l'emploi de matériaux épitaxiés sur substrat de GaAs ($In_xGa_{1-x}As$, $Al_xGa_{1-x}As$, $In_{0,48}Ga_{0,52}P$) présente un certain nombre d'avantages :

- Les porteurs sont fortement confinés dans les puits quantiques d'InGaAs épitaxiés sur GaAs, ce qui permet de réaliser des lasers présentant de meilleurs comportements thermiques.

- le fort contraste d'indices optiques entre le GaAs et l'AlAs, et surtout le désaccord paramétrique très faible entre le GaAs et l'$Al_xGa_{1-x}As$ ($0 < x < 1$) facilite la réalisation de miroirs de Bragg pour la fabrication de VCSELs.

- enfin les substrats de GaAs sont robustes, peu coûteux et disponibles en plus grande surface (diamètre de 8 pouces) que les substrats d'InP.

Le remplacement des sources optiques épitaxiées sur InP par des composants réalisés sur GaAs représenterait donc un gain en termes de performances et de coût de fabrication, et permettrait surtout de généraliser l'utilisation de VCSELs, indispensable dans un contexte WDM. Malheureusement, le fort désaccord de maille entre l'$In_xGa_{1-x}As$ et le GaAs

(7% entre l'InAs et le GaAs) rend impossible la fabrication de puits quantiques suffisamment épais et riches en indium pour atteindre les longueurs d'onde de 1,3 ou 1,55 µm sur ce substrat. La longueur d'onde maximale d'émission accessible est d'environ 1,2 µm. Obtenir de l'émission à des longueurs d'onde supérieures nécessite d'augmenter l'épaisseur ou la teneur en indium des puits quantiques, ce qui provoque leur relaxation plastique. Cette relaxation plastique s'accompagne de l'apparition de dislocations qui rendent les structures impropres aux applications optiques. Plusieurs solutions sont actuellement à l'étude pour pallier cette limitation, et obtenir de l'émission à 1,3 µm sur substrat de GaAs. Nous les présentons dans le paragraphe suivant.

Matériaux pour l'émission à 1,3 µm sur substrat de GaAs

Deux types de structures sont actuellement à l'étude pour obtenir de l'émission à 1,3 µm sur substrat de GaAs : les puits quantiques d'InGaAs nitrurés (GaInAsN), et les boîtes quantiques d'In(Ga)As[1]. La figure i-1 schématise la variation des énergies de bande interdite de puits quantiques de GaInAs et de GaInAsN épitaxiés sur GaAs en fonction de leur contrainte

Energie de bande
interdite (eV)

0,87 µm→1,42 — GaAs massif

Puits quantique InGaAs

1,2 µm → 1,03 —

1,3 µm → 0,95 — • Boîte quantique In(Ga)As

Puits quantique InGaAsN

1,55 µm→ 0,8 —

0   Contrainte (u.a.)

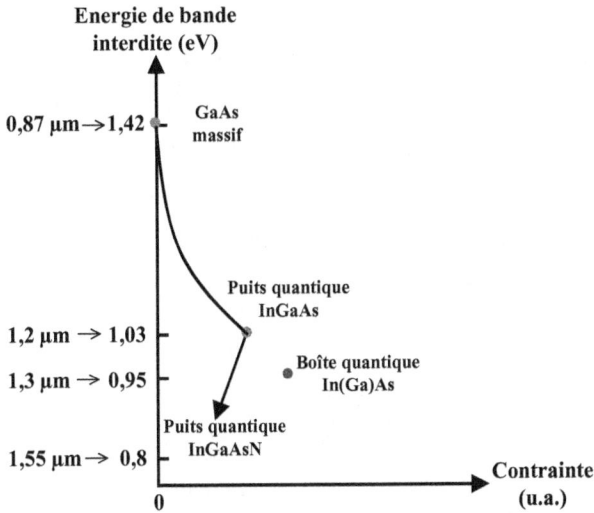

Fig.i-1 : Energies de bande interdite des puits quantiques d'InGaAs et d'InGaAsN ainsi que des boîtes quantiques d'In(Ga)As épitaxiés sur GaAs en fonction de la contrainte

La figure i-1 indique que l'énergie de bande interdite des puits quantiques d'InGaAs augmente lorsque leur contrainte (c'est à dire leur épaisseur et/ou leur composition en indium) augmente. Comme nous l'avons déjà signalé, la longueur d'onde d'émission de ces puits quantiques ne peut excéder environ 1,2 µm. On voit également sur la figure i-1 que l'ajout de très faibles quantités d'azote dans un puits quantique d'InGaAs permet de diminuer son énergie de bande interdite (c'est à dire d'augmenter sa longueur d'onde d'émission) tout en diminuant sa contrainte. Ainsi les puits quantiques d'InGaAsN épitaxiés sur GaAs peuvent émettre jusqu'à 1,55 µm. De nombreux groupes s'attachent donc à l'étude des puits quantiques InGaAsN, dont le principal inconvénient réside dans la forte dégradation des propriétés optiques liée à l'incorporation d'azote, et ce même en très faible quantité. Néanmoins de très bons lasers à émission par

11

la tranche ont été fabriqués avec ces puits quantiques : les meilleurs d'entre eux présentent une densité de courant de seuil de l'ordre de 400 A.cm^{-2} à 1,3 μm sous injection électrique continue à température ambiante[2], et des températures caractéristiques de l'ordre de 160 K[3]. L'effet laser a également été obtenu à 1,52 μm sous injection électrique pulsée à 300 K[4] avec des structures à émission par la tranche contenant ce type de puits quantiques, et des VCSELs émettant autour de 1,3 μm ont été réalisés[5].

Les boîtes quantiques d'In(Ga)As permettent également d'obtenir de l'émission à 1,3 μm sur substrat de GaAs. Ces nanostructures sont des inclusions tridimensionnelles riches en indium dans une matrice de GaAs. Leurs dimensions, de l'ordre de l'extension de la fonction d'onde des porteurs dans les trois dimensions de l'espace, leur confèrent des propriétés électroniques et optiques originales liées notamment à la quantification de l'énergie des électrons et des trous dans toutes les directions de l'espace réciproque. En particulier, les prévisions théoriques de Arakawa en 1982[6], puis de Asada en 1986[7] tendent à montrer que le caractère discret des niveaux d'énergie des porteurs en bande de valence et en bande de conduction[8] permet la réalisation de lasers à boîtes quantiques à faible courant de seuil présentant de très bons comportements en température. En outre, les porteurs sont fortement localisés à l'intérieur des boîtes quantiques[9] : une fois piégés, ils doivent être excités hors du puits de potentiel tridimensionnel que constitue un îlot avant de pouvoir diffuser vers d'éventuels centres non-radiatifs. Ceci réduit la sensibilité des lasers à la présence de défauts étendus ou ponctuels dans les couches épitaxiées. Enfin la nature inhomogène de l'élargissement du gain d'un ensemble de boîtes quantiques, liée à l'inhomogénéité en taille et en composition des îlots, peut être exploitée pour la réalisation de fonctions opto-électroniques. Ces propriétés attrayantes, notamment pour la réalisation de sources laser à 1,3 μm sur substrat de GaAs, ont motivé le travail de nombreuses équipes depuis une vingtaine d'années.

Croissance des boîtes quantiques d'In(Ga)As/GaAs

Des plans de boîtes quantiques peuvent être obtenus par gravure chimique ou sèche de motifs de tailles nanométriques dans un puits quantique d'InGaAs épitaxié sur GaAs. Cette méthode, largement employée dans les premières études des boîtes quantiques (voir par exemple la référence 10) a été peu à peu supplantée par la croissance épitaxiale d'îlots auto-organisés par relaxation élastique d'une couche d'In(Ga)As contrainte sur GaAs, dans le mode de croissance dit de Stranski-Krastanov. Ainsi, dans certaines conditions de croissance, la relaxation de l'énergie élastique accumulée dans une couche contrainte (par exemple l'In(Ga)As épitaxié sur GaAs) peut conduire à la formation d'îlots cohérents (c'est à dire ne présentant pas de dislocations). En 1985, une équipe du laboratoire du CNET de Bagneux a réalisé pour la première fois des îlots par cette méthode[11]. Elle permet d'obtenir des plans d'îlots denses (quelques 10^{10} cm^{-2}), relativement homogènes en taille et en composition, et de bonne qualité optique.

Actuellement, les boîtes quantiques sont donc majoritairement réalisées par croissance épitaxiale auto-organisée dans le mode Stranski-Krastanov, en EJM ou en EPVOM. La croissance des îlots par EJM est mieux connue, cette technique étant utilisée depuis plus longtemps pour la réalisation de boîtes quantiques. La grande majorité des équipes de recherche impliquées dans l'étude des boîtes quantiques utilisent donc l'EJM. Cependant la forte vitesse de croissance et la reproductibilité de l'EPVOM en font une technique de croissance mieux adaptée aux contraintes industrielles ainsi qu'à la réalisation d'hétérostructures complexes et épaisses de type VCSELs. De plus, elle permet d'utiliser plus facilement les techniques de reprise d'épitaxie et d'épitaxie sélective, indispensables à la réalisation de certains composants opto-électroniques. Enfin l'étude des mécanismes de croissance des boîtes quantiques par EPVOM, encore assez mal connus, est en soi intéressante.

Le travail de thèse relaté dans ce manuscrit a consisté en l'étude de la croissance par EPVOM de boîtes quantiques d'In(Ga)As pour l'émission laser autour de 1,3 µm sur substrat de GaAs. Nous avons exploré leurs propriétés structurales et optiques en nous appuyant sur des expériences de photoluminescence (PL), de photoluminescence résolue en temps et de microscopie électronique en transmission (MET). Des structures laser émettant par la tranche et contenant des boîtes quantiques ont été épitaxiées, processées, et caractérisées optiquement et électriquement. Le manuscrit est organisé en cinq chapitres :

- Dans un premier chapitre, nous détaillons les mécanismes de croissance par EPVOM conduisant à la formation d'îlots quantiques auto-organisés dans le mode Stranski-Krastanov. Les aspects thermodynamiques et cinétiques de la formation des boîtes quantiques sont discutés, et des gammes de paramètres de croissance permettant l'obtention de plans d'îlots adaptés aux applications optiques sont déterminées.

14

- Dans un deuxième chapitre, nous nous attachons à démontrer la présence dans nos échantillons, pour certaines conditions de croissance, d'une distribution bimodale de boîtes quantiques. Nous discutons en détail les mécanismes conduisant à la formation des deux populations, et nous étudions l'évolution de la structure de nos plans de boîtes quantiques au cours des différentes étapes de croissance des échantillons. Une étude de l'influence des principaux paramètres de croissance des îlots (température et vitesse de croissance) est également présentée.

- Dans un troisième chapitre, nous étudions les propriétés structurales des boîtes quantiques à la fin de la croissance des structures entières étudiées en photoluminescence ou utilisées pour réaliser des lasers. Une estimation de la composition et de la taille des îlots est déduite de l'analyse de clichés obtenus par MET, et l'effet de la croissance à haute température des couches au-dessus des îlots est étudié.

- Dans un quatrième chapitre, une étude de la dynamique des porteurs et de l'émission spontanée de nos boîtes quantiques est présentée. La nature des défauts non-radiatifs réduisant le rendement d'émission spontanée de chacune des deux populations de boîtes quantiques à température ambiante est précisée. Un phénomène de transfert de porteurs de charge thermiquement activé depuis la population de boîtes émettant à haute énergie vers celle émettant à plus basse énergie est mis en évidence et modélisé. Le rendement d'émission spontanée des différentes transitions confinées des boîtes quantiques est également étudié.

- Enfin le dernier chapitre est dédié à l'étude de lasers pompés électriquement émettant par la tranche à base de boîtes quantiques. Une optimisation du confinement optique et des pertes internes de structures laser à base de puits quantique est tout d'abord présentée. Les résultats obtenus avec nos structures laser à base de boîtes quantiques sont ensuite discutés en termes d'élargissement inhomogène du gain optique.

Bibliographie de l'introduction

[1] V.M. Ustinov, A.E. Zhukhov
GaAs based long wavelength lasers
Semicond. Sci. Technol. **15**, R41, (2000).

[2] A. Y. Egorov, D. Bernklau, D. Livshits, V.M. Ustinov, Zh. I. Alferov, H. Riechert
High power CW operation of InGaAsN lasers at 1.3 µm
Electron. Lett. **35**, 1643, (1999).

[3] H. Shimizu, K. Kumada, S. Uchiyama, A. Kasukawa
1.26µm GaInNAsSb-SQW lasers grown by gas-source MBE
2001 International conference on Indium Phosphide and related materials
14-18 may, 2001 Nara Japan
Conference proceedings p 342

[4] M. Fischer, M. Reinhardt, A. Forchel
GaInAsN/GaAs laser diodes operating at 1.52 µm
Electron. Lett. **36**, 1208, (2000).

[5] C. Elmers, F. Hohnsdorf, J. Koch, C. Agert, S. Leu, D. Karaiskaj, M. Hofmann, W. Stolz, W.W. Ruhle
Ultrafast (GaIn)(NAs)/GaAs vertical-cavity surface-emitting laser for the 1.3 µm wavelength regime
Appl. Phys. Lett. **74**, 2271, (1999).

[6] Y. Arakawa, H. Sakaki
Multidimensional quantum well laser and temperature dependance of its threshold current
Appl. Phys. Lett. **40**, 939, (1982).

[7] M. Asada, Y. Miyamoto, Y. Suematsu
Gain and the threshold of three-dimensional quantum-box lasers
IEEE Quant. Electron. **22**, 1915, (1986).

[8] K. Shum
Density of states in semiconductor nanostructures
J. Appl. Phys. **69**, 6484, (1991).

[9] J.M. Gérard in Confined electrons and photons : new physics and applications
Prospects of high-efficiency quantum boxes obtained by direct epitaxial growth
p. 347.

[10] A. Forchel, H. Leier, B.E. Maile, R. Germann
Festkörperprobleme (actuellement Solid State Physics) **28**, 99, (1988).

[11] L. Goldstein, F. Glas, J.Y. Marzin, M.N. Charasse, G. Le Roux
Growth by molecular beam epitaxy and characterization of InAs/GaAs strained-layer superlattices
Appl. Phys. Lett. **47**, 1099, (1985).

Chapitre I : Croissance des boîtes quantiques d'In(Ga)As/GaAs par EPVOM

Le concept de croissance épitaxiale désigne d'une manière générale la fabrication sur un support monocristallin (substrat) d'un autre monocristal, sans discontinuité de la structure cristalline entre le substrat et le matériau épitaxié. Il apparaît immédiatement que la possibilité d'épitaxier un matériau sur un substrat est conditionnée par l'adéquation entre les structures cristallines du matériau et du substrat. Les deux doivent cristalliser dans le même réseau, ou dans des réseaux proches. De plus, ils doivent présenter des paramètres de maille voisins (autrement dit le désaccord de maille[i] dans le plan de croissance entre le matériau épitaxié et le substrat doit être faible). Dans le cas d'un désaccord de paramètres de maille dans le plan strictement nul entre le matériau et le substrat, il est théoriquement possible d'épitaxier une épaisseur infinie de matériau. Par contre si le désaccord de maille dans le plan entre le substrat et le matériau épitaxié (alors qualifié de contraint) est non nul, la maille de ce dernier subit une déformation lors de la croissance. Les composés III-V, qui nous intéressent ici, cristallisent dans la structure Blende de Zinc. Dans le cas de la croissance d'un matériau dont le paramètre de maille dans le plan est supérieur à celui du substrat (matériau contraint en compression) cette déformation est quadratique, comme l'indique la figure I-1.

---

[i] Le désaccord de maille $\dfrac{\Delta a}{a}$ entre un matériau M et un substrat S est donné par la relation

$\dfrac{\Delta a}{a} = \dfrac{a_S - a_M}{a_S}$, où a_S et a_M désignent respectivement les paramètres de maille du substrat et du matériau

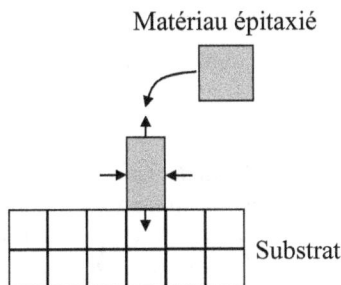

Matériau épitaxié

Substrat

Fig.I-1 : *Illustration schématique de la déformation quadratique d'un matériau contraint en compression sur un substrat*

Les premières monocouches du matériau croissent de manière bidimensionnelle (le matériau est dit pseudomorphique : il adopte le paramètre de maille dans le plan du substrat). Cependant l'énergie élastique accumulée dans le matériau contraint croît linéairement avec l'épaisseur déposée[i]. Au delà d'une certaine épaisseur, la configuration pseudomorphique n'est plus la configuration d'énergie minimale du système formé par le substrat et la couche épitaxiée. Cette dernière change de morphologie afin de réduire l'énergie du système. Elle est alors dite relaxée. Cette relaxation peut être plastique, lorsqu'elle s'accompagne de l'apparition de dislocations, ou élastique dans le cas contraire (elle peut alors aboutir à la formation d'îlots quantiques). Le type de relaxation mis en jeu dépend du désaccord de maille entre la couche épitaxiée et le substrat, mais aussi de facteurs cinétiques (notamment la longueur de diffusion des atomes adsorbés dans le plan de croissance) déterminés par

---

[i] L'énergie élastique par unité de surface E_s du matériau épitaxié vaut $E_s = \lambda \cdot \left(\dfrac{\Delta a}{a} \right)^2 \cdot e$ où λ est le module élastique, et e l'épaisseur déposée.

21

les conditions de croissance (vitesse de croissance, température du substrat…). Ce point sera discuté plus en détails dans le paragraphe I-2.

> *Le paramètre de maille du ternaire In$_x$Ga$_{1-x}$As augmente linéairement avec sa composition x en indium[i]. Ainsi pour x > 0, l'In$_x$Ga$_{1-x}$As est contraint en compression sur le GaAs. La relaxation élastique de l'In$_x$Ga$_{1-x}$As sur le GaAs peut donc donner lieu, dans des conditions de croissance que nous préciserons dans la suite, à la formation de boîtes quantiques cohérentes (c'est à dire ne présentant pas de dislocations).*

L'objet du premier chapitre de ce manuscrit est la présentation de la croissance par Epitaxie en Phase Vapeur aux Organo-Métalliques (EPVOM) des boîtes quantiques d'In(Ga)As sur substrat de GaAs. Dans un premier paragraphe, nous décrirons les principes qui régissent l'EPVOM, en nous focalisant sur les points susceptibles d'influencer la croissance des boîtes quantiques. Nous détaillerons ensuite les mécanismes thermodynamiques et cinétiques qui mènent à la formation de boîtes quantiques auto-organisées dans le mode de croissance dit de Stranski-Krastanov. Enfin nous présenterons les conditions de croissance EPVOM permettant d'obtenir des boîtes quantiques, et nous décrirons les séquences de croissance utilisées pour la réalisation des échantillons étudiés dans la suite du manuscrit.

---

[i] Le paramètre de maille a(In$_x$Ga$_{1-x}$As) de l'In$_x$Ga$_{1-x}$As suit la loi de Végard :

$$a(In_x Ga_{1-x} As) = x \cdot a(InAs) + (1-x) \cdot a(GaAs)$$

où a(InAs)=0,60584 nm et a(GaAs)=0,565325 nm sont les paramètres de maille de l'InAs et du GaAs massifs.

I-1 Epitaxie en Phase Vapeur aux Organo-Métalliques

Les deux techniques de croissance épitaxiale les plus couramment employées sont l'épitaxie par jets moléculaires (EJM), et l'épitaxie en phase vapeur aux organo-métalliques (EVPOM). Dans le cas de l'EJM, la croissance du matériau résulte de l'interaction sous ultravide (entre 10^{-7} et 10^{-9} Torr) d'un jet moléculaire avec la surface du substrat chauffé. Le principe de l'EPVOM, proposé pour la première fois en 1968[1], est très différent. Il repose sur l'interaction d'un mélange gazeux, introduit dans le réacteur, avec le substrat. C'est cette méthode de croissance que nous avons employée pour fabriquer l'ensemble des échantillons étudiés dans ce manuscrit. Les croissances ont été réalisées dans un bâti EMCORE D125 vertical à parois froides. Nous décrivons dans ce paragraphe les principes de cette technique de croissance. L'essentiel des développements de ce paragraphe sont issus des références 2, 3 et 4. Une description plus détaillée des mécanismes qui régissent l'EPVOM pourra être trouvée en référence 5.

I-1-1 Phase gazeuse

En EPVOM, la fabrication d'un matériau solide résulte de l'incorporation sur le substrat chauffé d'espèces actives (radicaux libres, espèces atomiques) issues de la pyrolyse des molécules qui composent la phase gazeuse. Pour épitaxier des matériaux III-V, il faut donc injecter dans la phase gazeuse des molécules (appelées précurseurs) contenant les atomes d'éléments III et d'éléments V que l'on veut incorporer au matériau. Ces précurseurs sont transportés dans le réacteur par un gaz vecteur neutre (dans notre cas le di-hydrogène), dont le rôle est d'orienter le flux gazeux des injecteurs vers l'échantillon, et de maintenir dans le réacteur une pression constante (60 torr pour tous les échantillons présentés dans la suite) pendant toute la croissance. Dans le cas de l'EPVOM, ces molécules sont des organo-métalliques pour les éléments III, et des organo-métalliques ou des hydrures pour les éléments V. Les échantillons présentés dans la suite contiennent de l'arsenic (As), du gallium (Ga), de l'indium (In) et de l'aluminium (Al). Dans notre cas, le précurseur de l'arsenic utilisé est l'arsine pure (AsH_3) injectée directement sous forme gazeuse dans le réacteur. Pour le Ga et l'Al, nous avons utilisé des organo-métalliques liquides (le triméthylgallium[i] : TMGa et le triméthylaluminium : TMAl) conditionnés dans des bulleurs, et pour l'In nous avons utilisé un organo-métallique solide (le triméthylindium : TMIn), sous forme de poudre, conditionné dans un diffuseur.

I-1-1-a Injection des gaz

Les éléments III sont injectés en très faible quantité dans le réacteur selon l'un des deux procédés dont les schémas de principe sont donnés sur la figure I-2.

---

[i] Les molécules de TMGa, TMAl et TMIn sont composées d'un atome métallique M (In, Ga ou Al) lié à trois groupes méthyl CH_3 :

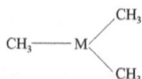

$$CH_3 - M \Big\langle \begin{matrix} CH_3 \\ CH_3 \end{matrix}$$

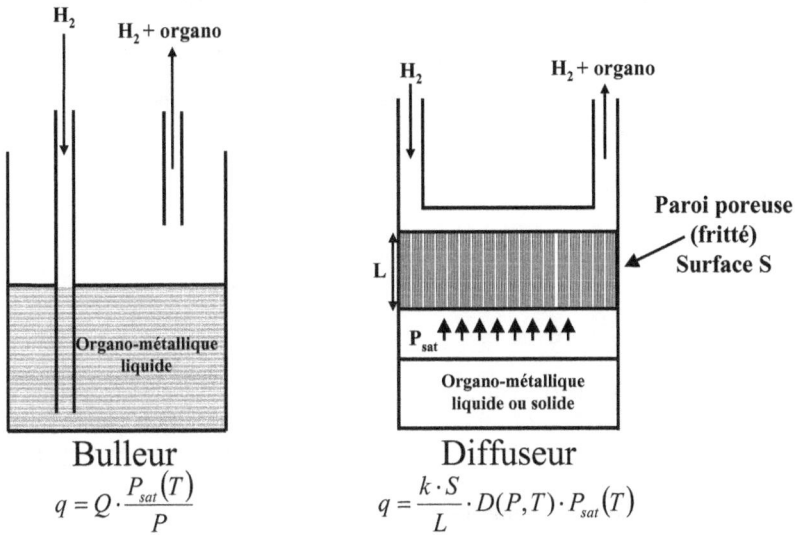

Fig.I-2 : *Schémas de principe d'un bulleur (à gauche) et d'un diffuseur (à droite)*

Dans le cas du bulleur, le gaz vecteur (H_2) barbote dans l'organo-métallique liquide, se charge en précurseur et est ensuite injecté dans le bâti. Si P_{sat} est la pression de vapeur saturante de l'organo-métallique, Q le débit du gaz vecteur et P la pression dans le bulleur, alors le débit q de précurseur injecté est donné par la relation :

$$q = Q \cdot \frac{P_{sat}(T)}{P}.$$

Il dépend de la température et de la pression du bulleur.

Dans le cas du diffuseur, la phase gazeuse de l'organo-métallique en équilibre avec sa phase liquide ou solide à la pression de vapeur saturant P_{sat} diffuse à travers une paroi poreuse appelée fritté. Le gaz vecteur se charge en précurseur à son contact au dessus du fritté. Dans ce cas, q est donné par la relation :

$$q = \frac{k \cdot S}{L} \cdot D(P,T) \cdot P_{sat}(T),$$

où $D(P,T)$ est le coefficient de diffusion de l'organo-métallique en phase vapeur, et $\frac{k \cdot S}{L}$ un pré-facteur qui caractérise la diffusion de l'organo-métallique à travers le fritté. Dans ce cas q ne dépend que très faiblement de la pression P dans le diffuseur. Seule la température est utilisée pour réguler le flux d'organo-métallique injecté dans le bâti, ce qui permet d'obtenir une meilleure stabilité et une meilleure reproductibilité. La croissance des boîtes quantiques étant très sensible aux variations même faibles du flux de TMIn, nous avons choisi d'utiliser un diffuseur comme source de ce précurseur. Le $\frac{k \cdot S}{L}$ de notre diffuseur de TMIn a été choisi suffisamment faible (0,57) afin de pouvoir maîtriser le débit d'organo-métallique précisément même aux faibles vitesses de croissance. Nos boîtes quantiques sont obtenues pour des températures du diffuseur de TMIn comprises entre 20 et 40°C.

En ce qui concerne l'arsine, précurseur de l'arsenic (seul élément V employé pour la fabrication des échantillons étudiés dans ce manuscrit), elle est directement injectée sous forme gazeuse dans le réacteur, après purification dans un système de filtrage adéquat. L'arsine est un gaz extrêmement toxique par inhalation à faible dose, et son utilisation nécessite la mis en œuvre d'un système de détection garantissant la sécurité de l'utilisateur.

I-1-1-b Composition de la phase gazeuse, croissance limitée par les éléments III

Les processus conduisant à l'incorporation d'espèces issues de la phase gazeuse sur le substrat ne sont efficaces que pour des températures comprises entre 450 et 850°C environ (section I-1-2). Dans toute cette gamme de températures, l'arsenic en phase solide incorporé sur le substrat n'est pas stable, et a tendance à être désorbé (c'est à dire à retourner en phase gazeuse). Pour contrer cet effet, il est nécessaire d'introduire un fort excès d'éléments V dans le réacteur par rapport aux éléments III. La composition de la phase gazeuse est donc très différente de la stœchiométrie de l'alliage épitaxié. On dit que la croissance est limitée par les éléments III : dans la gamme de températures où le rendement des réactions de pyrolyse des précurseurs est maximal, la vitesse de croissance sera limitée par le flux incident des précurseurs d'éléments III. L'excès d'élément V est quantifié par le rapport entre les flux incidents d'éléments V et d'éléments III, appelé rapport V/III.

I-1-2 Mécanismes mis en jeu lors de la croissance par EPVOM

Le processus de fabrication de la phase solide par EPVOM se déroule en quatre étapes :

1) *la diffusion* des molécules des précurseurs vers le substrat
2) *la pyrolyse* de ces molécules, qui se décomposent en espèces actives
3) *l'adsorption* des espèces actives à la surface de croissance
4) *l'incorporation* des espèces sur le substrat.

La force motrice de l'ensemble de ces étapes est la forte différence entre les potentiels chimiques de la phase gazeuse et de la phase solide, notamment due au fort excès d'éléments V dans la phase gazeuse par rapport à la stœchiométrie du matériau épitaxié. La succession de ces étapes lors du processus de croissance est représentée sur la figure I-3.

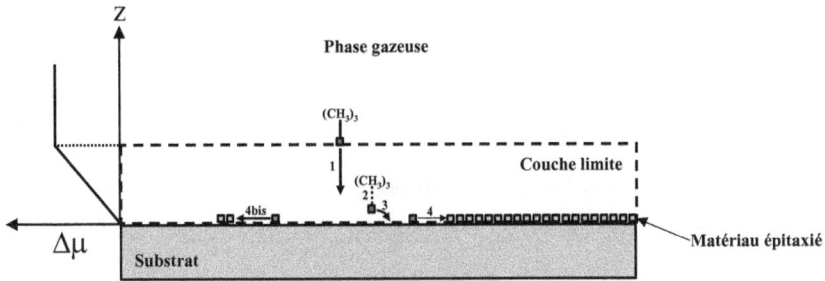

Fig.I-3 : Successions des étapes menant à l'incorporation des atomes sur le substrat.

La complexité des mécanismes qui régissent la croissance par EPVOM peut-être partiellement réduite en faisant l'hypothèse que la différence entre les potentiels chimiques de la phase gazeuse et de la phase solide $\Delta\mu$ est constante dans toute la phase gazeuse, sauf dans une zone proche de la surface, appelée couche limite, où elle décroît linéairement lorsqu'on s'approche du substrat. A l'interface entre le substrat et la phase gazeuse, $\Delta\mu = 0$ et un traitement à l'équilibre thermodynamique constitue une approximation raisonnable. Reprenons les différentes étapes conduisant à l'incorporation des espèces sur le substrat (en conservant la numérotation de la figure I-3) :

1. La *diffusion* en phase gazeuse des espèces à travers la couche limite est activée par la déplétion en précurseurs dans la phase gazeuse à l'interface avec la phase solide. Cette déplétion est produite par l'incorporation des espèces de la phase gazeuse sur le substrat.

2. Lorsqu' elles atteignent le substrat chauffé, les molécules des précurseurs subissent une *pyrolyse*. Les produits de cette pyrolyse sont

les espèces actives (atomes, radicaux libres), qui seront adsorbées sur le substrat, et divers composés du carbone et de l'hydrogène, qui pour la plupart repartent dans la phase gazeuse. Cependant une partie de ces composés peuvent être incorporés dans le matériau épitaxié (notamment à basse température de croissance, voir la figure I-4 et son commentaire), ce qui peut conduire à une modification des propriétés électriques et/ou optiques du matériau (chapitres IV et V).

3. Après la pyrolyse, les espèces actives sont *adsorbées* sur le substrat : elles occupent un site cristallographique de surface du matériau en cours de croissance. Après adsorption, elles sont encore mobiles dans le plan de croissance (elles peuvent « sauter » de site en site). Leur mobilité, caractérisée par une grandeur appelée longueur de diffusion de surface, augmente quand la température de croissance augmente, ou quand la vitesse de croissance diminue (section I-2-2). Notons de plus que la quantité d'espèces adsorbées résulte de la compétition entre l'adsorption et la désorption. Cette dernière est activée thermiquement : son efficacité augmente quand la température de croissance augmente. Le rapport entre la quantité d'espèces adsorbées et la quantité d'espèces injectées est appelé coefficient de collage. Notons également que l'EPVOM se caractérise par une grande longueur de diffusion de surface des espèces par rapport aux méthodes de croissance sous ultra-vide (EJM). En effet s'ajoute à la diffusion des espèces adsorbées la diffusion des espèces actives dans la couche limite, en phase gazeuse. Cette diffusion peut être très efficace. Nous étudierons ses conséquences sur les propriétés structurales des boîtes quantiques dans le chapitre II.

4. Les espèces adsorbées sont ensuite *incorporées* sur le substrat. L'incorporation peut se faire sur des marches atomiques du substrat (4 sur la figure I-3), ou par nucléation (4bis sur la figure I-3), c'est à dire par la formation de groupes d'atomes adsorbés sur une surface plane. L'incorporation sur des marches atomiques est favorisée lorsque le substrat est très rugueux, et la nucléation est favorisée à basse température ou à forte vitesse de croissance, lorsque la longueur de diffusion des espèces adsorbées est faible. Là encore, les propriétés structurales des boîtes quantiques peuvent dépendre du mécanisme d'incorporation, comme nous le montrerons dans le chapitre II.

Les mécanismes décrits ci-dessus permettent d'expliquer la variation de la vitesse de croissance du GaAs en fonction de la température (figure I-4).

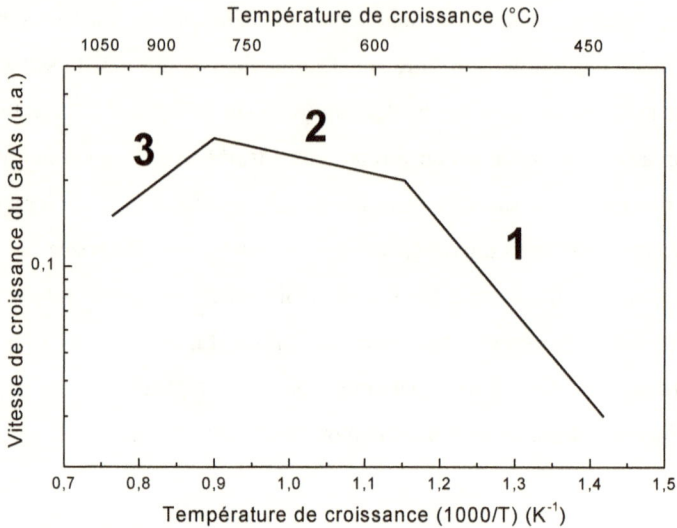

Fig.I-4 : *Vitesse de croissance du GaAs en fonction de la température de croissance. La vitesse de croissance est donnée en unités arbitraires et non en valeur absolue, car elle dépend de la pression et de la température du bulleur de TMGa et de la pression dans le réacteur.*

On distingue trois régimes sur ce graphe :

- Entre 450 et 550°C (région 1 sur la figure I-4), la vitesse de croissance du GaAs augmente quand la température de croissance augmente. Dans ce régime, la croissance est limitée par les réactions thermiquement activées de pyrolyse des précurseurs, qui n'ont pas encore atteint leur rendement maximal. C'est dans cette gamme de températures que la probabilité d'incorporer des impuretés provenant de la pyrolyse des précurseurs dans les couches épitaxiées est la plus forte. C'est également dans cette gamme de températures qu'il est nécessaire d'épitaxier les boîtes quantiques, pour des raisons que nous détaillerons dans la suite.

- Entre 550 et 800°C (région 2 sur la figure I-4), la vitesse de croissance du GaAs ne dépend que très peu de la température de croissance. Dans ce régime, la croissance est limitée par la diffusion des espèces à travers la couche limite vers le substrat. Il est donc aisé dans cette gamme de températures de contrôler la vitesse de croissance en faisant varier les flux incidents des précurseurs. Sauf dans des cas très spécifiques (épitaxie de boîtes quantiques, réduction volontaire de la durée de vie des porteurs dans les structures épitaxiées), on se place dans cette gamme de températures pour réaliser des hétérostructures par EPVOM.

- Au delà de 800°C (région 3 sur la figure I-4), la vitesse de croissance diminue lorsque la température de croissance augmente. En effet les mécanismes de désorption évoqués plus haut deviennent prépondérants, et mènent à une réduction du coefficient de collage.

Il apparaît clairement que la température de croissance est l'un des paramètres clés de l'EPVOM. Il est donc nécessaire de pouvoir la mesurer suffisamment précisément, et surtout de manière reproductible. Pour ce faire, le bâti EMCORE est doté d'un système de mesure par pyrométrie, qui analyse la couleur et l'intensité de la lumière émise par la surface du substrat chauffé. L'inconvénient de cette mesure est qu'elle dépend de la composition du matériau présent à la surface. La température est également mesurée à l'aide d'un thermocouple placé sous le porte-échantillon. Dans toute la suite du manuscrit, les températures de croissance indiquées correspondent aux valeurs mesurées par ce thermocouple.

I-1-3 Conclusion

Nous avons présenté quelques principes de l'EPVOM. La complexité des mécanismes qui régissent cette méthode de croissance rend difficiles les analyses théoriques globales des processus conduisant à la formation de la phase solide, et la réalisation des échantillons est en pratique basée sur des techniques de calibration s'appuyant sur la grande reproductibilité caractéristique de l'EPVOM.

Quelques particularités de l'EPVOM, qui influenceront la croissance des boîtes quantiques, peuvent d'ores et déjà être relevées. Comme nous le verrons dans le paragraphe suivant, les propriétés structurales des boîtes quantiques sont fortement liées à la longueur de diffusion de surface des espèces. En particulier, la densité de boîtes quantiques augmente quand la longueur de diffusion de surface diminue. Il est donc nécessaire d'épitaxier les boîtes quantiques à basse température (autour de 500°C typiquement), dans une gamme de températures ou la probabilité d'incorporation d'impuretés issues de la pyrolyse des précurseurs est non nulle. En outre, la longueur de diffusion de surface est plus grande en EPVOM qu'en EJM, ce qui explique que de nombreux groupes utilisent cette dernière méthode de croissance pour fabriquer des îlots. Enfin nous avons montré que la rugosité du substrat pouvait influencer l'incorporation des espèces adsorbées. Nous étudierons dans la suite de ce manuscrit (chapitre II) les conséquences de cet effet sur les mécanismes de croissance de nos boîtes quantiques.

I-2 Croissance de boîtes quantiques auto-organisées dans le mode Stranski-Krastanov

Dans ce paragraphe, nous précisons les mécanismes de croissance à l'origine de la formation de plans de boîtes quantiques auto-organisées. Le terme « auto-organisé » signifie qu'aucune structuration du substrat (gravure, masquage) préalable à la croissance n'est réalisée : l'organisation spatiale des boîtes quantiques ainsi que leurs propriétés structurales (taille, composition), sont entièrement déterminées par les mécanismes de croissance. A condition de choisir des paramètres de croissance adéquats (voir le paragraphe I-3), cette méthode permet la réalisation de plans d'îlots denses, relativement uniformes, et de bonne qualité optique.

Dans une première section, nous verrons comment des considérations thermodynamiques permettent de prévoir dans quelles conditions il est possible d'obtenir des boîtes quantiques, et comment leurs propriétés structurales varient avec la quantité de matériau déposé et le désaccord de maille entre le matériau et le substrat. Nous montrerons dans une deuxième section que de part la nature fortement hors équilibre des mécanismes de croissance, ce sont des phénomènes cinétiques qui fixent les propriétés structurales des îlots.

I-2-1 Considérations thermodynamiques et description du mode de croissance Stranski-Krastanov

I-2-1-a Désaccord de maille entre le matériau épitaxié et le substrat et mode de croissance[6,7,8]

Considérons le cas de l'épitaxie d'un matériau M (contraint ou non) sur un substrat S. Notons respectivement σ_M et σ_S les énergies de surface de M et de S, et γ_{MS} l'énergie d'interface entre le matériau et le substrat. On définit alors l'énergie d'adhésion β du système formé par M et S de la manière suivante :

$$\gamma_{MS} = \sigma_M + \sigma_S - \beta .$$

Si $\beta > 0$, la formation d'une interface entre M et S constitue un gain d'énergie par rapport à la configuration « M et S séparés » et l'épitaxie de M sur S est possible. Si $\beta < 0$, l'épitaxie de M sur S représente une augmentation d'énergie pour le système formé par M et S et n'a donc pas lieu spontanément.

Plaçons nous dans le cas où $\beta > 0$, et considérons qu'une partie de la surface du substrat S est recouverte par le matériau épitaxié M (figure I-5).

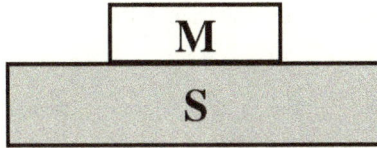

Fig.I-5 : Matériau M épitaxié sur un substrat S

- Si $\sigma_M + \gamma_{MS} < \sigma_S$, alors l'augmentation de la surface libre du matériau épitaxié, et par conséquent de la surface de l'interface entre M et S représente une diminution de l'énergie totale du système. Le matériau épitaxié va « mouiller » le substrat lors de la croissance, qui sera donc bidimensionnelle. Ce mode de croissance est dit de Franck van den Merve (FvdM).

- Si $\sigma_M + \gamma_{MS} > \sigma_S$, alors l'augmentation de la surface libre du matériau épitaxié constitue une augmentation de l'énergie totale du système, qui essaiera de maintenir aussi grande que possible la surface libre du substrat. La croissance sera donc tridimensionnelle. Ce type de croissance est dit de Volmer-Weber (VW).

On voit donc que le type de croissance mis en œuvre dépend du signe de l'expression $\sigma_M + \gamma_{MS} - \sigma_S$, encore égale à $2 \cdot \sigma_M - \beta$. Si $2 \cdot \sigma_M - \beta$ est négatif (énergie de surface du matériau épitaxié faible), la croissance sera bidimensionnelle de type FvdM. Dans le cas contraire (énergie de surface du matériau épitaxié forte), la croissance sera tridimensionnelle de type VW.

Dans le cas d'un matériau accordé en maille avec le substrat, $\square$ ne dépend pas de l'épaisseur déposée, et le mode de croissance mis en jeu ne dépend que de l'énergie de surface du matériau épitaxié. En revanche, dans le cas d'un matériau présentant un désaccord de maille non nul avec le substrat, la valeur de □ dépend de l'épaisseur déposée. Considérons le cas de l'épitaxie d'un matériau contraint tel que la croissance démarre dans le mode FvdM. Au fur et à mesure que l'épaisseur déposée augmente, l'énergie élastique accumulée dans la couche et par conséquent l'énergie totale du système augmentent. Au delà d'une certaine épaisseur, il sera énergétiquement rentable pour le système de réduire le volume de matériau épitaxié, et donc de relaxer partiellement l'énergie élastique accumulée dans la couche épitaxiée, en formant des îlots (notons que la relaxation de l'énergie élastique se fait au prix d'une augmentation de la surface libre du matériau, et donc d'une augmentation de son énergie de surface). Dans notre formalisme, ce phénomène se traduit par une diminution de l'énergie d'adhésion β. Une croissance initiée dans le mode FvdM peut se poursuivre, lorsque $2 \cdot \sigma_M - \beta$ devient positif, dans le mode VW. Ce mode de croissance est dit de Stranski-Krastanov. Il est mis en œuvre dans le cas de la croissance de matériaux contraints de faible énergie de surface (croissance de Ge sur Si ou d'$In_xGa_{1-x}As$ sur GaAs[9]). Il conduit à la formation d'îlots sur une couche bidimensionnelle, appelée couche de mouillage. L'épaisseur déposée nécessaire au passage d'un mode de croissance 2D à un mode de croissance 3D est appelée épaisseur critique de formation des îlots. Elle est d'autant plus faible que le désaccord paramétrique entre le matériau épitaxié et le substrat est grand. Ainsi dans le cas de l'épitaxie d'InAs sur GaAs (désaccord de maille égal à 7%), elle vaut environ 1,7 monocouches[10] (MC). Pour $In_xGa_{1-x}As$ épitaxié sur GaAs, elle varie de 1,7 à 10 MC quand x varie de 1 à 0,35[11]. Enfin dans le cas du germanium épitaxié sur silicium (désaccord de maille égal à 4%), elle vaut environ 3,5 MC[12].

38

Tous les échantillons étudiés dans la suite contiennent des îlots épitaxiés dans le mode Stranski-Krastanov, obtenus par dépôt d'$In_xGa_{1-x}As$ sur GaAs (de plus amples détails sur les séquences de croissance employées seront donnés dans le paragraphe I-3 de ce chapitre). Les îlots ainsi obtenus ont une taille latérale de l'ordre de la dizaine de nanomètres et une hauteur de quelques nanomètres, ce qui aboutit à un confinement tridimensionnel des porteurs de charge. Notons pour finir qu'il existe un désaccord de maille minimal en dessous duquel le passage de la croissance 2D à la croissance 3D n'est pas observé (il dépend de l'énergie de surface du matériau épitaxié, et vaut environ 2,5% pour le système $In_xGa_{1-x}As$/GaAs[11,13]).

I-2-1-b Relaxation de l'énergie élastique accumulée dans un matériau contraint

La relaxation de l'énergie élastique d'une couche contrainte évoquée dans la section ci-dessus ne conduit pas toujours à l'apparition de boîtes quantiques cohérentes (c'est à dire sans dislocation). En effet cette relaxation peut être élastique (et conduire sans apparition de dislocations à la formation de boîtes quantiques cohérentes), ou plastique (c'est à dire accompagnée de la formation d'un plan de dislocations entre le substrat et la boîte quantique). Dans ce dernier cas, le matériau retrouve son paramètre de maille non contraint, et les dislocations d'interface (dites d'accommodation), réalisent la jonction entre le matériau et le substrat qui n'ont alors plus le même paramètre de maille dans le plan de croissance. Les îlots ainsi obtenus sont impropres aux applications optiques, les dislocations étant des pièges non-radiatifs pour les porteurs de charge.

Les mécanismes thermodynamiques menant à l'un ou l'autre des deux mécanismes de relaxation sont mal connus, et les théories proposées ne permettent pas d'obtenir de descriptions quantitatives[14,15]. La formation des îlots s'accompagne d'une augmentation de la surface libre du matériau épitaxié et donc d'une augmentation ΔE_{surf} de son énergie de surface. La formation d'une interface disloquée entre le substrat et les îlots s'accompagne quant à elle d'une augmentation ΔE_{interf} de l'énergie d'interface. En référence 15, les auteurs montrent qu'il existe une valeur Γ_0 du rapport $\dfrac{\Delta E_{interf}}{\Delta E_{surf}}$ tel que si $\dfrac{\Delta E_{interf}}{\Delta E_{surf}} < \Gamma_0$, la relaxation de l'énergie élastique accumulée dans la couche contrainte sera plastique, et si $\dfrac{\Delta E_{interf}}{\Delta E_{surf}} > \Gamma_0$, la relaxation de l'énergie élastique accumulée dans la couche contrainte sera élastique, et s'accompagnera de la formation de boîtes quantiques cohérentes.

Lorsque le désaccord paramétrique entre le matériau épitaxié et le substrat augmente, le mouillage du substrat est plus faible (la valeur de β, énergie d'adhésion définie dans la section précédente, diminue plus vite quand l'épaisseur déposée augmente). Ceci conduit à la formation d'îlots moins plats, et par conséquent à une augmentation accrue de la surface libre (et donc de ΔE_{surf}) de la couche épitaxiée lors de la relaxation de l'énergie élastique. L'augmentation du désaccord paramétrique entre le substrat et le matériau épitaxié favorise donc une relaxation plastique de l'énergie élastique accumulée dans la couche contrainte.

I-2-1-c Croissance d'un matériau désaccordé en présence d'îlots

Considérons un plan d'îlots cohérents obtenus dans le mode Stranski-Krastanov par relaxation élastique d'une couche contrainte sur un substrat. Si l'on continue à déposer du matériau sur le plan d'îlots, (dans des conditions de croissance où la longueur de diffusion des atomes adsorbés n'est pas limitante, voir la section I-2-2), la totalité des atomes adsorbés dans le plan de croissance alimente les îlots.

Ceci peut être compris instinctivement si l'on tient compte du fait que la relaxation élastique conduit à une modification du paramètre de maille dans les îlots (voir la figure I-7 de la section I-2-2-b) : il est plus proche du paramètre de maille du matériau non contraint que celui de la couche de mouillage déformée quadratiquement. L'augmentation de l'énergie élastique du plan d'îlots sera donc plus faible dans le cas où les atomes adsorbés sont incorporés sur les îlots, que dans le cas où ils sont incorporés sur la couche de mouillage. Dans le formalisme présenté dans la section I-1-1, le paramètre β est plus grand dans les zones de la surface de croissance où le paramètre de maille est plus proche de celui du matériau non contraint.

> *Si l'on continue à déposer du matériau contraint sur un plan d'îlots cohérents, l'épaisseur de la couche de mouillage n'augmente donc plus : elle est fixée à l'épaisseur critique de relaxation élastique. Par contre la taille des îlots augmente, leur surface libre augmente également, ainsi que le paramètre ΔE$_{surf}$ défini dans la section I-2-1-b. Au delà d'une certaine quantité de matériau déposé, les îlots, cohérents au départ, vont donc atteindre leur taille critique de relaxation plastique (le*

41

rapport $\dfrac{\Delta E_{\text{interf}}}{\Delta E_{surf}}$ va devenir inférieur à Γ_0). Une fois relaxés plastiquement, les îlots grossiront encore plus vite[16], leur paramètre de maille étant égal au paramètre de maille du matériau non contraint.

I-2-1-d Conclusion

La relaxation de l'énergie élastique d'une couche contrainte dans le mode de croissance Stranski-Krastanov conduit à l'apparition d'îlots sur une couche de mouillage. Si la longueur de diffusion des atomes adsorbés n'est pas limitante, l'épaisseur de la couche de mouillage n'augmente plus à partir du moment où les îlots sont formés, et reste égale à l'épaisseur critique de formation des îlots (qui dépend essentiellement du désaccord paramétrique entre le matériau déposé et le substrat). Tout le matériau déposé au delà de l'épaisseur critique de formation des îlots est consommé par ces derniers.

La relaxation de l'énergie élastique peut être directement plastique, ou élastique puis plastique quand la quantité de matériau déposé augmente. Dans ce dernier cas (valable pour les systèmes Ge/Si ou $In_xGa_{1-x}As/GaAs$ et illustré sur la figure I-6) on définit une épaisseur critique de relaxation élastique (au delà de laquelle un plan d'îlots cohérents est formé), et une épaisseur critique de relaxation plastique (épaisseur nominale déposée au delà de laquelle un plan de dislocations d'accommodation se forme à l'interface entre les îlots et le substrat). Au delà de l'épaisseur critique de relaxation plastique, le matériau qui compose les îlots reprend le paramètre de maille du matériau non contraint.

Couche contrainte
pseudomorphique

Ilot cohérent

Ilot disloqué

| Couche de mouillage | Couche de mouillage | Couche de mouillage |

Substrat Substrat Substrat Substrat

a) b) c) d)

$e < e_1$ $e = e_1$ $e_1 < e < e_2$ $e > e_2$

épaisseur déposée e

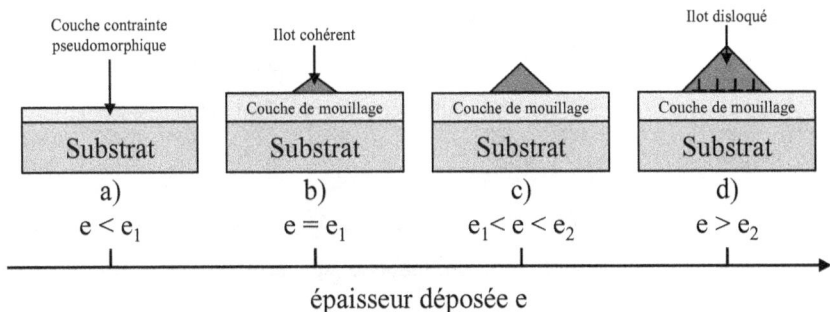

Fig.I-6 : *Illustration schématique de l'évolution de la structure d'une couche contrainte épitaxiée dans le mode Stranski-Krastanov en fonction de l'épaisseur e déposée. e_1 : épaisseur critique de relaxation élastique. e_2 : épaisseur critique de relaxation plastique des îlots.*

I-2-2 Cinétique de la croissance des boîtes quantiques

Les arguments thermodynamiques développés dans la section précédente permettent d'obtenir des informations concernant le mode de croissance mis en jeu et le type de relaxation que subit le matériau épitaxié en fonction du désaccord paramétrique, de l'énergie de surface du matériau et de l'épaisseur déposée. Cependant la croissance épitaxiale fait par essence appel à des phénomènes hors équilibre thermodynamique. Ce sont des processus cinétiques (adsorption/désorption, diffusion de surface…) qui limitent la croissance, et qui déterminent les propriétés structurales des matériaux épitaxiés.

Dans le cas particulier de la croissance de boîtes quantiques auto-organisées dans le mode Stranski-Krastanov, un certain nombre d'études ont mis en évidence l'influence cruciale de la longueur de diffusion de surface des atomes adsorbés sur l'épaisseur critique de relaxation élastique[17], sur la nucléation des îlots[18] et sur leur densité[19]. L'évolution des propriétés structurales d'un plan de boîtes quantiques en fonction de l'épaisseur de matériau contraint déposé peut être décomposée en trois étapes :

- La nucléation, lors de laquelle se forment des « embryons », stables ou non, d'îlots quantiques
- La phase de croissance des îlots
- La phase de coalescence

Dans ce paragraphe, nous décrivons pour chacune de ces trois phases les processus cinétiques mis en jeu, et les paramètres de croissance permettant de les modifier.

I-2-2-a La nucléation

Lors du processus de croissance, les atomes adsorbés (c'est à dire occupant un site cristallographique de surface) sont mobiles. Ils peuvent diffuser en surface pour atteindre d'autres sites de surface. Comme nous l'avons déjà signalé, la diffusion de surface est un processus thermiquement activé : pour s'extraire d'un site cristallographique de surface, un atome adsorbé doit franchir une barrière énergétique qui dépend essentiellement de l'énergie des liaisons qu'il partage avec ses premiers voisins. L'efficacité du processus de diffusion de surface est caractérisée par une grandeur appelée longueur de diffusion de surface (L_{diff}), définie

44

par la distance moyenne qu'un atome adsorbé peut parcourir sur la surface de croissance avant d'être incorporé dans la phase solide. Elle est de l'ordre de quelques dizaines de nanomètres dans des conditions standard de croissance pour l'indium sur substrat de GaAs. La longueur de diffusion de surface des atomes dépend essentiellement de la température et de la vitesse de croissance, et de la rugosité du substrat :

- L_{diff} augmente quand la température de croissance augmente car l'échappement des atomes adsorbés hors des sites substitutionnels est thermiquement activé.

- L_{diff} augmente quand la vitesse de croissance diminue car les sites de surface sont occupés moins vite (il y a plus de sites disponibles pour accueillir les atomes qui diffusent).

- L_{diff} augmente quand la rugosité du substrat diminue car les marches atomiques et les inhomogénéités de contrainte constituent des sites favorables à la nucléation (voir ci-dessous).

Comme nous venons de le préciser, la présence de marches atomiques[20], d'inhomogénéités de contrainte[21] ou de certains types d'impuretés[22] favorise l'incorporation des atomes adsorbés. Ces derniers s'arrêtent sur ces sites particuliers et se regroupent pour former des petits cristaux composés de quelques atomes appelés noyaux : c'est le processus de nucléation.

Des considérations thermodynamiques permettent de montrer qu'il existe pour ces noyaux une taille critique de stabilité. En deçà de cette taille critique (de l'ordre de quelques atomes), les noyaux ne sont pas stables et les atomes qui les composent sont susceptibles de se disperser pour rejoindre d'autres sites de nucléation. Au dessus de cette taille, les noyaux sont stables[6,23,24].

> *Dans le mode Stranski-Krastanov, la densité de boîtes quantiques (avant coalescence, voir la section I-2-2-c) est égale à la densité de noyaux stables. La densité de noyaux stables est elle-même directement reliée à la longueur de diffusion de surface des atomes : elle augmente quand la longueur de diffusion de surface diminue. En effet le taux de nucléation (c'est à dire le nombre de nouveaux noyaux créés par seconde) est d'autant plus fort que les atomes ont tendance à s'arrêter pour former des noyaux. Notons que dans le cas particulier des boîtes quantiques d'InAs épitaxiées sur GaAs, seule compte la longueur de diffusion de surface de l'indium, l'arsenic étant injecté en excès à la surface de croissance.*

I-2-2-b La croissance

Lorsque l'épaisseur de matériau contraint déposé augmente, la nucléation se poursuit tant que la distance moyenne entre îlots est supérieure à L_{diff}. En effet, nous avons vu dans la section I-2-1 que lorsque des îlots sont formés sur la surface de croissance, tous les atomes adsorbés sont incorporés dans ces îlots s'ils peuvent les atteindre (c'est à dire si leur longueur de diffusion de surface est suffisante) : lorsque la distance moyenne entre îlots devient de l'ordre de L_{diff}, il ne peut donc plus y avoir de nucléation. Tous les atomes adsorbés sont alors « consommés » par les îlots, qui entament leur phase de croissance.

La croissance des îlots est limitée par l'énergie de contrainte qu'ils accumulent lorsque leur taille augmente. Cette accumulation d'énergie de contrainte conduit à une forte déformation du réseau cristallin à leur base, qui défavorise la diffusion des atomes adsorbés vers les îlots (figure I-7).

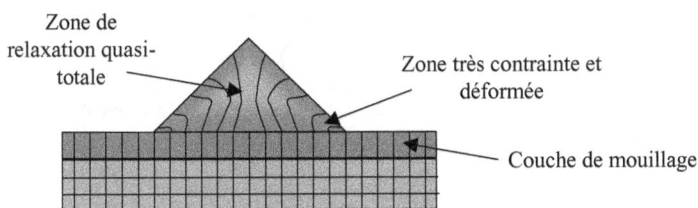

Fig.I-7 : *Représentation schématique de la déformation du réseau cristallin dans un îlot. Les zones les plus contraintes et donc les plus déformées se situent à la base de l'îlot.*

Ce processus est souvent considéré comme étant à l'origine de la bonne homogénéité en taille et en composition des îlots épitaxiés dans le mode Stranski-Krastanov[24].

Lorsque l'augmentation de la taille des îlots est trop importante, l'énergie de contrainte accumulée relaxe plastiquement, ce qui conduit à la formation d'un plan de dislocations entre les îlots et le substrat, comme expliqué dans la section I-2-1-b.

Notons enfin que la contrainte accumulée dans les îlots conduit à l'activation de l'interdiffusion entre les atomes de l'îlot et ceux de la couche de mouillage. Il en résulte une modification de la composition des îlots[25]. Ce mécanisme sera discuté plus en détails dans les chapitres II et III.

I-2-2-c La coalescence

Si l'épaisseur nominale de matériau déposé est suffisante, la croissance des îlots peut aboutir à leur coalescence : les îlots deviennent jointifs et forment une couche bidimensionnelle. Dans les systèmes de matériaux à fort désaccord paramétrique utilisés pour la réalisation de boîtes quantiques, la coalescence a lieu lorsque l'énergie de contrainte accumulée dans les îlots est telle qu'ils ont déjà relaxé plastiquement. La couche bidimensionnelle possède ainsi le même paramètre de maille que le matériau non contraint, et est traversée par des dislocations qui ont pris naissance à l'interface entre le substrat et le matériau contraint.

I-2-3 Conclusion

Nous avons montré dans ce paragraphe que les propriétés structurales des boîtes quantiques sont essentiellement gouvernées par leur cinétique de croissance. En particulier la longueur de diffusion de surface des atomes adsorbés a une influence importante sur les phases de nucléation et de croissance. Ainsi la densité d'îlots diminue et leur vitesse de croissance augmente lorsque la longueur de diffusion de surface augmente. Les différentes étapes de la formation des îlots peuvent être schématisées comme sur la figure I-8.

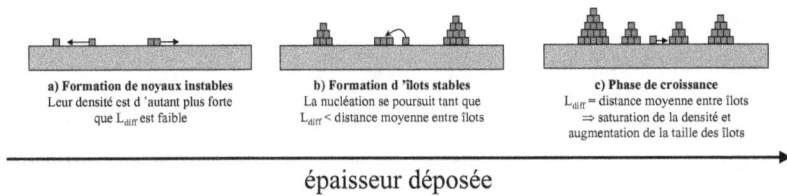

a) Formation de noyaux instables
Leur densité est d'autant plus forte
que L_{diff} est faible

b) Formation d'îlots stables
La nucléation se poursuit tant que
L_{diff} < distance moyenne entre îlots

c) Phase de croissance
L_{diff} = distance moyenne entre îlots
⇒ saturation de la densité et
augmentation de la taille des îlots

épaisseur déposée →

Fig.I-8 : Etapes de la formation d'un plan de boîtes quantiques

Comme nous l'avons déjà signalé, les longueurs de diffusion de surface des atomes sont plus grandes en EPVOM qu'en EJM. En effet, en EPVOM, les atomes peuvent diffuser en surface après adsorption, selon le mécanisme décrit dans la section I-2-2, mais peuvent également diffuser en phase gazeuse via la couche limite. La portée de ce type de diffusion (une dizaine de microns environ pour l'indium dans le cas de l'épitaxie de l'InGaAsP massif sur InP[2]) est plus importante que celle de la diffusion des atomes adsorbés (de l'ordre de la centaine de nanomètre à basse température de croissance), ce qui rend plus difficile la réalisation de plans d'îlots denses, nécessaires notamment pour les applications laser. Nous montrerons dans la suite de ce manuscrit comment il est possible de tirer parti des spécificités de l'EPVOM pour pallier cette difficulté.

I-3 Conditions de croissance des îlots pour une luminescence à 1,3 µm

La réalisation de lasers à base de boîtes quantiques nécessite d'obtenir des plans d'îlots relativement denses (chapitre V) et de bonne qualité optique (chapitre IV). Notre objectif est d'obtenir de l'émission à basse énergie, autour de 1,3 µm (0,95 eV). Or l'énergie de confinement des porteurs dans une boîte quantique et par conséquent l'énergie des transitions interbandes et l'écart spectral entre les niveaux intrabandes dépendent de la taille et de la composition des îlots. Plus précisément, l'énergie de la transition interbande fondamentale d'un îlot dépend assez peu de sa taille latérale, mais augmente quand sa hauteur diminue. Il faut donc obtenir des boîtes quantiques relativement hautes. Dans le choix des conditions de croissance des îlots, il est ainsi nécessaire de trouver un compromis concernant la longueur de diffusion de surface des atomes : la densité d'îlots augmente quand la longueur de diffusion diminue, mais la taille des îlots, et en particulier leur hauteur, diminue quans la longueur de diffusion diminue.

Les principaux paramètres de croissance pouvant être ajustés sont la température et la vitesse de croissance, ainsi que l'épaisseur nominale de matériau contraint déposé (dans notre cas l'In(Ga)As, voir la section I-3-2). La vitesse de croissance de l'In(Ga)As est choisie en faisant varier la température du bain thermostaté dans lequel est plongé le diffuseur de TMIn (paragraphe I-1). Comme nous l'avons déjà signalé, la longueur de diffusion de surface des atomes augmente quand la température de croissance augmente ou quand la vitesse de croissance diminue. L'objet de ce paragraphe est de préciser la gamme de températures de croissance dans laquelle il est possible d'obtenir des îlots viables pour les applications laser, et de décrire la structure des échantillons étudiés dans la suite du manuscrit. Des études plus fines de l'influence des paramètres de croissance seront présentées dans le chapitre II.

I-3-1 Température de croissance et propriétés structurales des plans de boîtes quantiques

Des travaux[26] effectués au laboratoire antérieurs à ceux relatés dans ce manuscrit ont permis de confirmer l'effet bien connu[27,28,29] et déjà décrit dans les paragraphes précédents de la température de croissance sur les propriétés structurales des boîtes quantiques. Un bilan des résultats commentés en référence 26 est présenté sur la figure I-9.

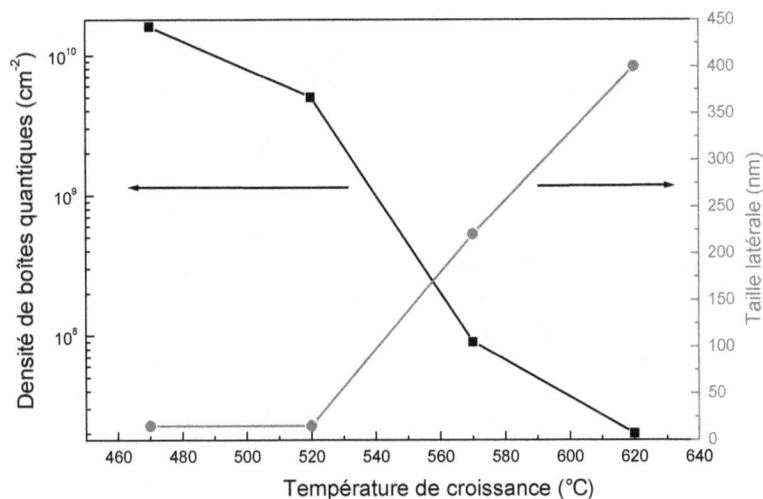

Fig.I-9 : *Densité et taille latérale moyenne de boîtes quantiques obtenues par dépôt d'environ 1,8 MC d'InAs pur en fonction de la température de croissance.*

Comme on le voit sur cette figure, l'augmentation de la température de croissance d'un plan de boîtes quantiques obtenues par dépôt d'InAs pur conduit à une forte diminution de la densité d'îlots (qui passe de $1,6.10^{10}$ cm^{-2} à 470°C à 2.10^8 cm^{-2} à 620°C), et à une forte augmentation de leur taille latérale moyenne (15 nm à 470°C contre 400 nm à 620°C). Comme nous l'avons déjà signalé, la longueur de diffusion de surface des atomes augmente quand la température de croissance augmente, ce qui conduit à une réduction du taux de nucléation, et à une augmentation de la vitesse de croissance des boîtes quantiques. Les résultats présentés ci-dessus sont donc cohérents avec les mécanismes de croissance discutés dans ce chapitre.

> *L'obtention d'un plan de boîtes quantiques suffisamment denses, et surtout dont la taille latérale moyenne est suffisamment faible pour assurer le confinement des porteurs dans le plan de croissance nécessite d'épitaxier les structures dans une gamme de températures comprise entre 470 et 550°C environ. Au delà de 550°C, la diminution de la densité devient rédhibitoire pour la réalisation de lasers. Les boîtes quantiques étudiées dans la suite sont donc épitaxiées dans une gamme de températures où la croissance est limitée par l'efficacité des réactions de pyrolyse des précurseurs (figure I-4). Dans cette gamme de températures, des impuretés provenant des molécules de précurseur (carbone notamment) peuvent être incorporées dans les couches épitaxiées. L'effet de ces impuretés sur les propriétés optiques des structures sera discuté au chapitre IV.*

La qualité des couches épitaxiées est critique pour le fonctionnement des lasers. Il est donc exclu d'épitaxier les structures entières à basse température. Seules les boîtes quantiques des échantillons étudiés dans ce manuscrit sont fabriquées à basse température. Après épitaxie des plans de boîtes quantiques, la température de croissance est augmentée lors d'un arrêt de croissance sous arsine afin d'atteindre la gamme de températures où la croissance est limitée par les flux incidents de précurseurs (autour de

650°C). Les conditions de croissance des structures à boîtes quantiques étudiées dans ce manuscrit seront précisées dans la dernière section de ce paragraphe.

I-3-2 Relaxation de la contrainte autour des îlots par dépôt d'InGaAs

Nos boîtes quantiques sont donc épitaxiées à basse température, afin d'obtenir des densités viables pour les applications laser notamment. Cependant la formation de boîtes quantiques par relaxation élastique d'une couche d'InAs pur sur du GaAs à basse température ne permet pas d'obtenir des îlots de taille suffisante pour émettre à 1,3 µm (en particulier leur hauteur est trop faible). L'une des techniques employées[30] (notamment en EJM) pour obtenir l'émission à basse énergie consiste à fabriquer à basse température un plan d'îlots par relaxation élastique d'une couche d'InAs pur, et d'encapsuler ces îlots dans une couche d'InGaAs. La présence de cette couche, supposée croître de manière conforme et permettre une modification de l'état de contrainte des îlots, conduit à une diminution de l'énergie de confinement à l'intérieur des boîtes quantiques, et par conséquent à une réduction de l'énergie de transition interbande.

C'est cette technique que nous avons choisie pour fabriquer nos îlots émettant autour de 1,3 µm. Des études menées au laboratoire avant le début de ce travail de thèse ont permis d'optimiser la composition et l'épaisseur de la couche d'InGaAs d'encapsulation[31], pour des îlots épitaxiés par EPVOM. Ces travaux montrent que le rendement d'émission spontanée à 1,3 µm est optimal pour une couche d'$In_{0,15}Ga_{0,85}As$ de 5,2 MC d'épaisseur. Tous les échantillons présentés dans la suite contiennent donc des boîtes quantiques obtenues par dépôt d'InAs puis de 5,2 MC d'In$_{0,15}$Ga$_{0,85}$As. Nous montrerons dans le chapitre II que le dépôt de cette couche modifie considérablement les propriétés optiques et structurales des plans de boîtes quantiques. En particulier, Les études structurales de nos îlots épitaxiés par EPVOM présentées au chapitre II mettent en évidence que la couche d'InGaAs ne croît pas de manière conforme sur les îlots formés par dépôt d'InAs, et que l'émission à basse énergie est obtenue par des mécanismes très différents de ceux généralement décrits dans la littérature pour des îlots épitaxiés en EJM.

I-3-3 Conditions de croissance et nomenclature des échantillons étudiés

I-3-3-a Détermination de la vitesse de croissance de l'InAs

Une détermination précise de la vitesse de croissance de l'InAs est nécessaire afin de pouvoir déterminer aussi exactement que possible certaines caractéristiques de nos boîtes quantiques (et notamment l'épaisseur critique de formation des îlots).

En EJM, le RHEED (Reflection High Energy Electron Diffraction) permet de mesurer en temps réel l'épaisseur de matériau déposé pendant la croissance. La présence de la phase gazeuse empêche d'appliquer cette technique à l'EPVOM. Pour pallier cette difficulté, des systèmes de réflectométrie in-situ ont été mis au point. Dans notre bâti, les échantillons sont éclairés pendant leur croissance sous incidence normale par une lampe blanche. La lumière réfléchie par l'échantillon est analysée dans un spectromètre, puis détectée. L'intensité lumineuse réfléchie varie périodiquement au cours du temps avec l'épaisseur de la couche déposée[4], à condition que l'indice optique de cette couche soit différent de celui du substrat. La mesure de la période des oscillations permet une détermination assez précise de la vitesse de croissance de couches épaisses (d'au moins une centaine de nanomètres). Dans le cas de couches d'épaisseurs trop faibles, le trop faible nombre d'oscillations de l'intensité lumineuse réfléchie ne suffit pas à déterminer précisément l'épaisseur déposée.

Il est donc impossible d'utiliser la réflectométrie in-situ pour mesurer les vitesses de croissance de matériaux contraints comme l'InAs sur GaAs : après dépôt de quelques monocouches, ces matériaux relaxent élastiquement ou plastiquement, ce qui fausse la mesure de réflectivité. Nous avons donc mesuré la vitesse de croissance de l'InAs comme suit : un échantillon (Or4557) contenant deux puits quantiques d'InGaAs de compositions égales mais d'épaisseurs différentes (le puits quantique côté substrat est 2,5 fois plus épais que le puits quantique côté surface), épitaxiés à la température de croissance des boîtes quantiques (490°C) et insérés dans une structure identique à celle décrite sur la figure I-11 a été étudié en photoluminescence. Le spectre obtenu est présenté sur la figure I-10.

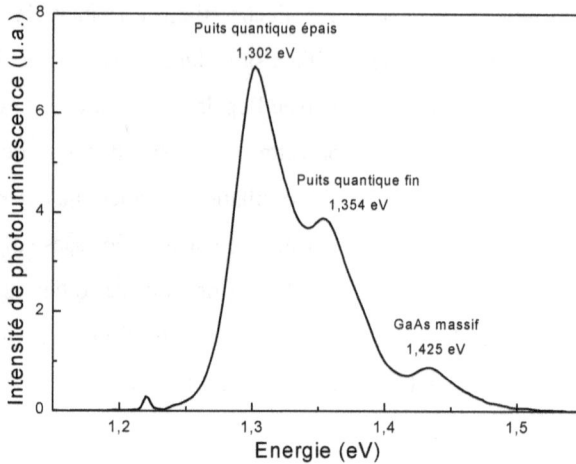

Fig.I-10 : *Spectre de photoluminescence relevé à température ambiante de l'échantillon Or4557.*

L'énergie de luminescence d'un puits quantique d'InGaAs augmente quand sa composition en indium diminue, ou quand son épaisseur diminue (du fait de l'augmentation du confinement des porteurs dans le puits). Les deux puits quantiques de l'échantillon Or4557 ont la même composition x en indium. Notons e l'épaisseur du puits quantique côté surface. Dans ce cas l'épaisseur du puits quantique côté substrat vaut 2,5.e. Nous avons déterminé x et e à l'aide du logiciel Strainsl[7] (développé au CNET de Bagneux par Jean-Michel Gérard et Jean-Yves Marzin, voir le chapitre III), qui permet d'estimer l'énergie de la transition fondamentale d'un puits quantique en fonction de son épaisseur et de sa composition : il n'existe qu'un seul couple (e,x) permettant d'obtenir les énergies de transition mesurées en photoluminescence tout en respectant le rapport des épaisseurs des deux puits quantiques. Nous obtenons ici e = 3,3 nm et x = 0,14. Connaissant le temps de croissance des puits quantiques, il est alors aisé de déterminer la vitesse de croissance de l'$In_{0,14}Ga_{0,86}As$: elle vaut ici 11,6 nm.min^{-1}. Connaissant la vitesse de croissance du GaAs (estimée à 13,3 nm.min^{-1} par microscopie électronique en transmission à cette température de croissance), il est possible de remonter à la vitesse de croissance de l'InAs à l'aide de la loi de Végard :

$$x \cdot V(InAs) = V(In_x Ga_{1-x} As) - (1 - x) \cdot V(GaAs)$$

où x est la composition en indium du puits quantique, et *V(InAs)*, *V(GaAs)* et *V(In$_x$Ga$_{1-x}$As)* désignent respectivement les vitesses de croissance de l'InAs, du GaAs et de l'In$_x$Ga$_{1-x}$As. Pour l'échantillon Or4557, on obtient *V(InAs) = 1,45 nm.min^{-1}*, soit environ 0,08 MC.s^{-1}.

Cette mesure a par ailleurs été confirmée par l'analyse par diffraction de rayons X d'une structure contenant un puits quantique d'In$_{0,15}$Ga$_{0,85}$As. Cette méthode est adaptée pour la caractérisation de couches contraintes d'épaisseur au moins supérieure à environ 5 nm. L'épaisseur critique de relaxation plastique de l'In$_{0,15}$Ga$_{0,85}$As étant très supérieure à 10 nm, il est possible d'épitaxier des couches d'n$_{0,15}$Ga$_{0,85}$As d'épaisseur suffisante pour être mesurée aux rayons X.

La mise en œuvre des méthodes de mesure de l'épaisseur de couches fines présentées dans cette section est assez lourde. Cependant la grande reproductibilité de l'EPVOM permet d'obtenir des résultats fiables sans qu'il soit nécessaire de calibrer fréquemment les vitesses de croissance.

I-3-3-b Conditions de croissance des échantillons étudiés

Trois types de structures à boîtes quantiques ont été épitaxiés :

- Les structures pour photoluminescence (PL) contiennent un ou plusieurs plans de boîtes quantiques insérés dans un super-réseau du type de celui représenté sur la figure I-11

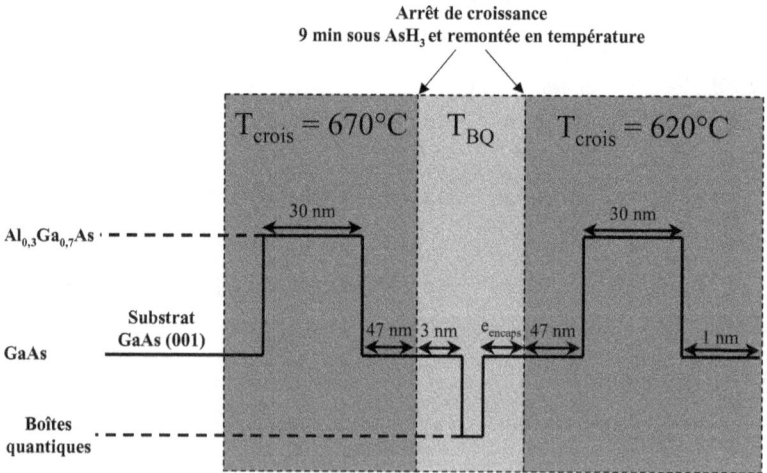

Fig.I-11 : *Structure d'un échantillon à boîtes quantiques pour photoluminescence*

Sur cette figure, T_{BQ} désigne la température de croissance des boîtes quantiques, et e_{encaps} l'épaisseur de GaAs d'encapsulation épitaxié à T_{BQ} avant la remontée en température. Les changements de température sont effectués pendant des arrêts de croissance de 9 min sous arsine, afin d'éviter la désorption des éléments V incorporés (arsenic), et de stabiliser la température de l'échantillon avant la reprise de croissance.

Les barrières de 30 nm d'$Al_{0,3}Ga_{0,7}As$ situées de part et d'autre des îlots sont destinées à garantir le confinement à proximité des boîtes quantiques des porteurs photocréés lors des expériences de photoluminescence (en particulier ces barrières évitent qu'ils ne diffusent vers la surface de l'échantillon, où ils pourraient se recombiner non-radiativement sur les états de surface).

- Les structures laser sont identiques aux structures pour photoluminescence, mais présentent un guide d'onde (couches de GaAs situées de part et d'autre des boîtes quantiques) et des couches d'AlGaAs de plus forte épaisseur (chapitre V).

- Certains échantillons ont été étudiés par microscopie électronique en transmission (MET). Leurs structures seront précisées au chapitre II.

Les caractéristiques de l'ensemble des échantillons à boîtes quantiques étudiés dans la suite, ainsi que les paragraphes où il leur est fait référence sont regroupés dans le tableau I-1.

Numéro	Type	§	T_{BQ} (°C)	V_{crois} (MC.s⁻¹)	V_{crois} (Å.s⁻¹)	e_{InAs} (MC)	e_{InGaAs} (MC)	E_{encaps} (nm)	# plans
Or4649	PL	II-1-1 II-3-1	500	0,08	0,24	2,1	5,2	4	1
Or4911	PL	II-1-2	460	0,08	0,24	1,2	5,2	10	1
Or4914	PL	II-1-2	460	0,08	0,24	1,24	5,2	10	1
Or4913	PL	II-1-2	460	0,08	0,24	1,29	5,2	10	1
Or4912	PL	II-1-2	460	0,08	0,24	1,43	5,2	10	1
Or4910	PL	II-1-2	460	0,08	0,24	1,67	5,2	10	1
Or4909	PL	II-1-2 II-1-3	460	0,08	0,24	2,1	5,2	10	1
Or4894	PL	II-1-3	460	0,08	0,24	2,1	0	10	1
Or4887	TEM	II-2-1	460	0,08	0,24	1,22	0	0	1
Or4880	TEM	II-2-1	460	0,08	0,24	1,25	0	0	1
Or4881	TEM	II-2-1	460	0,08	0,24	1,29	0	0	1
Or4876	TEM	II-2-1	460	0,08	0,24	1,33	0	0	1
Or4870	TEM	II-2-1	460	0,08	0,24	1,56	0	0	1
Or4860	TEM	II-2-1	460	0,08	0,24	2,0	0	0	1
Or4866	TEM	II-2-1	460	0,08	0,24	2,0	5,2	0	1
Or4867	TEM	II-2-1	460	0,08	0,24	2,0	5,2	0,56	1
Or4874	TEM	II-2-2-1	460	0,08	0,24	2,1	5,2	1,5	1
Or4886	TEM	II-2-2-1	500	0,08	0,24	2,1	5,2	2,2	1
Or4650	PL	II-2-2-2 III-1-2	510	0,08	0,24	2,1	5,2	4	1
Or4640	PL	II-2-2-2	510	0,08	0,24	2,1	5,2	15	1
Or4647	PL	II-3-1	510	0,08	0,24	2,1	5,2	4	1
Or4656	PL	II-3-1	520	0,08	0,24	2,1	5,2	4	1
Or4692	PL	II-3-1	530	0,08	0,24	2,1	5,2	4	1
Or4690	PL	II-3-1	540	0,08	0,24	2,1	5,2	4	1
Or4705	PL	II-3-3 III-3-2	530	0,08	0,24	2,1	5,2	4	1
Or4761	PL	II-3-3	530	0,12	0,36	2,1	5,2	4	1
Or4762	PL	II-3-3	530	0,24	0,72	2,1	5,2	4	1
Or4494	PL	III-2-1	490	0,08	0,24	2,1	5,2	12	1
Or4590	PL	III-3-1	530	0,08	0,24	2,1	5,2	10	3
Or4729	PL	III-3-1	530	0,08	0,24	2,1	5,2	4	3
Or4725	PL	III-3-2	530	0,08	0,24	2,1	5,2	4	2
Or4730	PL	III-3-2	530	0,08	0,24	2,1	5,2	4	5
Or4736	Laser	IV-3	530	0,08	0,24	2,1	5,2	4	5
Or4732	Laser	V-2-3	530	0,08	0,24	2,1	5,2	4	3

Tab I-1 : *Nomenclature et structure des échantillons à boîtes quantiques étudiés.*
V_{crois} *désigne la vitesse de croissance de l'InAs.*

Nous avons également épitaxié des lasers émettant par la tranche à puits quantiques, afin d'optimiser les propriétés optiques et électriques des structures guidantes avant d'y insérer des plans de boîtes quantiques (voir la section 1-3 du chapitre V). Les puits quantiques contenus dans ces structures ainsi qu'une partie des barrières de part et d'autre des puits quantiques ont été épitaxiés à 490°C (dans des conditions de croissance proches des conditions de croissance des îlots), et le guide en GaAs ainsi que les couches de confinement optique ont été épitaxiés à 670°C. Les structures de ces lasers ainsi que leurs longueurs d'ondes d'émission sont précisées dans le tableau I-2.

Echantillon	Structure	Longueur d'onde d'émission
Or4527	GaAs P+ = 2.10^19 cm^-3 $Al_{0,3}Ga_{0,7}As$ $P = 10^{18}$ cm^-3 e = 1,1 µm $Al_{0,3}Ga_{0,7}As$ N = 2.10^18 cm^-3 e = 1,1 µm	1,16 µm
Or4577	GaAs P+ = 2.10^19 cm^-3 $Al_{0,3}Ga_{0,7}As$ $P = 5.10^{17}$ cm^-3 e = 1,1 µm $Al_{0,3}Ga_{0,7}As$ N = 2.10^18 cm^-3 e = 1,1 µm	1,15 µm
Or4671	GaAs P+ = 2.10^19 cm^-3 $Al_{0,3}Ga_{0,7}As$ $P = 5.10^{17}$ cm^-3 e = 1 µm $Al_{0,3}Ga_{0,7}As$ n.i.d. e = 0,1 µm $Al_{0,3}Ga_{0,7}As$ N = 2.10^18 cm^-3 e = 1,1 µm	1,19 µm
Or4775	GaAs P+ = 2.10^19 cm^-3 $Al_{0,3}Ga_{0,7}As$ $P = 5.10^{17}$ cm^-3 e = 1,8 µm $Al_{0,3}Ga_{0,7}As$ n.i.d. e = 0,2 µm $Al_{0,3}Ga_{0,7}As$ N = 2.10^18 cm^-3 e = 2 µm	1,19 µm

Tab.I-2 : *Structure et longueur d'onde d'émission des lasers à puits quantiques étudiés dans la section 1-3-c du chapitre V*

Notons pour finir que les tableaux I-1 et I-2 ne sont pas exhaustifs : plus de 200 échantillons ont été épitaxiés (dont une vingtaine de lasers à puits ou à boîtes quantiques) afin de mettre au point les conditions de croissance des lasers et des boîtes quantiques. Tous ces échantillons ont été caractérisés en photoluminescence à température ambiante et/ou à 77 K (pour les structures laser, des biseaux chimiques ont été réalisés, les couches de confinement épaisses en AlGaAs empêchant d'exciter les porteurs dans le guide d'onde en GaAs).

Bibliographie du chapitre I

[1] H.Manasevit
Single-crystal gallium arsenide on insulating substrates
Appl. Phys. Lett. **12**, 156, (1968).

[2] Laetitia Silvestre, thèse de doctorat
Epitaxie sélective en phase vapeur aux organométalliques pour intégration monolithique de composants optoélectroniques
Université de Paris VI, (1997).

[3] Jean-Philippe Debray, thèse de doctorat
Croissance par épitaxie en phase vapeur aux organométalliques de structures à cavités verticales pour télécommunications optiques
Université de Paris VI, (1997).

[4] Yvan Rafflé, thèse de doctorat
Caractérisation in-situ de l'épitaxie en phase vapeur aux organométalliques. Application à la croissance de miroirs de Bragg et de résonateurs Fabry-Pérot non-linéaires
Université des sciences et techniques de Lille, (1994).

[5] Gerald B. Stringfellow
Organometallic Vapor-Phase Epitaxy : theory and practice
Academic Press, Boston 1989.

[6] Gilles Patriarche, thèse de doctorat
Epitaxie et défauts cristallins dans les hétérostructures de semiconducteurs II-VI déposées sur GaAs
Université de Paris VI, (1992).

[7] Jean-Michel Gérard, thèse de doctorat
Croissance par épitaxie par jets moléculaires et étude optique des propriétés électroniques des hétérostructures semiconductrices très contraintes InAs/GaAs
Université de Paris VI, (1990).

[8] D.J. Eaglesham, M. Cerullo
Dislocation free Stanski-Krastanow growth of Ge on Si (100)
Phys. Rev. Lett. **64**, 1943, (1990).

[9] Ligen Wang, Peter Kratzer and Matthias Scheffler
Energetics of InAs Thin Films and Islands on the GaAs(001) Substrate
Jap. J. Appl. Phys. **39**, 4298, (2000).

[10] J.M. Gérard
In-situ probing at the growth temperature of the surface composition of (InGa)As and (AlIn)As
Appl. Phys. Lett. **61**, 2096, 1992.

[11] H. Li, Z. Whang, T. Daniels-race
Influence of indium composition on the surface morphology of self-organized $In_xGa_{1-x}As$ quantum dots on GaAs substrates
J. Appl. Phys. **87**, 188, (2000).

[12] H. Sunamura, N. Usami, Y. Shiraki, and S. Fukatsu
Island formation during growth of Ge on Si(100): A study using photoluminescence spectroscopy
Appl. Phys. Lett. **66**, 3024, (1995).

[13] T. Kawai, H. Yonezu, Y. Ogasawara, D. Saïto, K. Pak
Growth mechanism of $(InAs)_m(GaAs)_n$ strained short-period superlattices grown by molecular beam epitaxy
J. Appl. Phys. **74**, 7257, (1993).

[14] D. Bimberg, M. Grundmann et N.N. Ledentsov
Quantum Dots Heterostructures
Wiley, 1999.

[15] D. Vanderbilt, L.K. Wickham
Proc. Mater. Res. Soc. Symp. **202**, 555, (1991).

[16] J. Drucker
Coherent islands and microstrucutal evolution
Phys. Rev. B **48**, 18203, (1993-II).

[17] C.W. Snyder, J.F. Mansfield, B.G. Orr
Kinetically controlled critical thickness for coherent islanding and thick highly strained pseudomorphic films of $In_xGa_{1-x}As$ on GaAs(100)
Phys. Rev. B **46**, 9551, (1992-I).

[18] K.E. Khor, S. Das Sarma
Quantum dot self-assembly in growth of strained-layer thin films: A kinetic Monte Carlo study
Phys. Rev. B **62**, 16657, (2000-II).

[19] Y. W. Mo, J. Kleiner, M. B. Webb, and M. G. Lagally
Activation energy for surface diffusion of Si on Si(001): A scanning-tunneling-microscopy study
Phys. Rev. Lett. **66**, 1998, (1991).

[20] R. Leon, T. Senden, Y. Kim, C. Jagadish, A. Clark
Nucleation Transitions for InGaAs Islands on Vicinal (100) GaAs
Phys. Rev. Lett. **78**, 4942, (1997).

[21] Q. Xie, A. Madhukar, P. Chen, N.P. Kobayashi
Vertically Self-Organized InAs Quantum Box Islands on GaAs(100)

64

Phys. Rev. Lett. **75**, 2542, (1995).

[22] M. Krishnamourthy, B.K. Yang, J.D. Weil, C.G. Slough
Heterogeneous nucleation of coherently strained islands during epitaxial growth of Ge on Si(110)
Appl. Phys. Lett. **70**, 49, (1997).

[23] M. Berti, A.V. Drigo, A. Giulani, M. Mazzer, A. Camporese, G ; Rosetto, G. Torzo
InP/GaAs self-assembled nanostructures: Modelization and experiment
J. Appl. Phys. **80**, 1931, (1996).

[24] Y. Chen, J. Washburn
Structural Transition in Large-Lattice-Mismatch Heteroepitaxy
Phys. Rev. Lett. **77**, 4046, (1996).

[25] J.M. Gérard, O. Cabrol, J.Y. Marzin, N. Lebouché, J.M. moison
Optical investigation of some statistic and kinetic aspects of the nucleation and growth of InAs islands on GaAs
Mat. Sci. Eng. B **37**, (1996).

[26] Isabelle Prévôt, stage de DEA
Croissance MOCVD et caractérisation de boîtes quantiques InAs/GaAs
Ecole Supérieure de Physique et de Chimie Industrielles, Paris, (1998).

[27] A. Stintz, G.T. Liu, A.L. Gray, R. Spillers, S.M. Delgado, K.J. Malloy
Characterization of InAs quantum dots in strained $In_xGa_{1-x}As$ quantum wells
J. Vac. Sci. Technol.B **18**, 1496, (2000).

[28] J. Johansson, W. Seifert
Size control of self-assembled quantum dots
J. Cryst. Growth **221**, 566, (2000).

[29] P.B. Joyce, T.J. Kryzewski, G.R. Bell, T.S. Jones, S. Malik, D. Childs, R. Murray
Effect of growth rate on the size, composition, and optical properties of InAs/GaAs quantum dots grown by molecular-beam epitaxy
Phys. Rev. B **62**, 10891, (2000-II).

[30] K. Nishi, H. Saito, S. Sugou, J.S. Lee
A narrow photoluminescence linewidth of 21 meV at 1.35 μm from strain-reduced InAs quantum dots covered by $In_{0.2}Ga_{0.8}As$ grown on GaAs substrates
Appl. Phys. Lett. **74**, 1111, (1999).

[31] Olivier Toson, projet de fin d'études
Etude et caractérisation de boîtes quantiques InAs obtenues par MOVPE pour une émission à 1,3 μm sur GaAs
INSA de Rennes, (1999).

Chapitre II : Etude de la formation des îlots

Dans le chapitre précédent, nous avons présenté quelques généralités concernant les mécanismes de croissance par EPVOM des boîtes quantiques. En particulier, nous avons commenté l'influence de la longueur de diffusion de surface des atomes adsorbés sur la structure des plans de boîtes quantiques.

Les processus de croissance EPVOM menant à la formation de boîtes quantiques, et l'influence des paramètres de croissance EPVOM sur les propriétés structurales des îlots sont encore assez mal connus car, comme nous l'avons déjà signalé, les boîtes quantiques sont majoritairement fabriquées par EJM. L'objet de ce chapitre est de présenter les différentes étapes de formation de nos boîtes quantiques. Nous montrerons qu'à basse température (T<530°C), nos plans d'îlots contiennent deux populations de boîtes quantiques, et nous étudierons l'origine de cette bimodalité. Nous étudierons également les processus qui mènent à la formation de gros îlots relaxés plastiquement, et nous verrons comment il est possible de se débarrasser de ces clusters disloqués qui nuisent à la qualité optique des échantillons. Enfin nous étudierons en détail l'influence de la température et de la vitesse de croissance sur la morphologie de nos plans de boîtes quantiques.

II-1 Ilots épitaxiés à basse température : résultats expérimentaux

Dans ce paragraphe, nous nous attachons à la démonstration expérimentale de la présence de deux populations d'îlots à basse température de croissance (T< 530°C), et à la présentation des paramètres de croissance qui influent sur les densités relatives de ces deux populations. Les résultats expérimentaux présentés ici serviront de base à l'étude du processus de formation des deux populations détaillée dans le paragraphe II-2.

La présence de deux populations de boîtes quantiques a déjà été observée dans le système SiGe/Si. En particulier, la formation d'une population d'îlots métastables (« hut clusters ») précédant l'apparition des îlots stables a été rapportée[1,2,3]. Dans certaines conditions de croissance, les deux phases peuvent coexister, donnant lieu à une distribution bimodale d'îlots[3]. Des phénomènes de nucléation hétérogène dus à la présence de défauts sur la surface de croissance ont également été invoqués pour expliquer l'observation d'une distribution bimodale.[4] Dans le système InAs/GaAs, le fort désaccord paramétrique (7% environ, contre 4% pour le système Ge/Si), donne lieu à une accélération des processus de formation et de relaxation plastique des îlots (voir le chapitre I) qui rend plus difficiles les études structurales. Des cas d'élargissements inhomogènes bimodaux ont été rapportés, notamment pour des îlots épitaxiés par EPVOM[5,6]. Mais c'est à l'occasion de ce travail de thèse que la première mise en évidence expérimentale rigoureuse d'une bimodalité a été réalisée[7] et que les processus menant à la formation de deux populations de boîtes quantiques ont été étudiés en détails[8].

II-1-1 Distribution bimodale de boîtes quantiques à basse température de croissance

Le spectre de photoluminescence de la figure II-1 correspond à l'échantillon Or4649 contenant des boîtes quantiques épitaxiées à 500°C formées par dépôt de 2,1 MC d'InAs et 5,2 MC (environ 1,5 nm) d'$In_{0,15}Ga_{0,85}As$. La mesure a été réalisée à 300K, sous une puissance d'excitation de 1 mW (soit environ 0,8 W.cm^{-2}) sur le banc de photoluminescence décrit en annexe A.

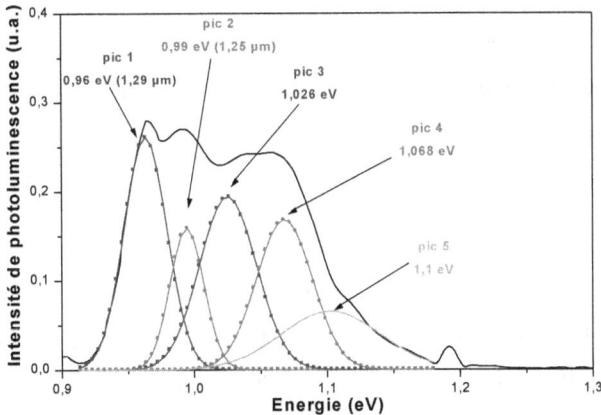

Fig.II-1 : *Spectre de photoluminescence de l'échantillon Or4649 contenant une distribution bimodale de boîtes quantiques épitaxiées à 500°C. La mesure a été réalisée à 300K avec une puissance d'excitation de 1 mW.*

Le spectre de photoluminescence de la figure II-1 peut-être déconvolué en cinq gaussiennes. Les cinq pics sont respectivement centrés à 0,96 eV (1,29 µm), 0,99 eV (1,25 µm), 1,026, 1,068 et 1,1 eV. La distance spectrale entre les deux premiers pics est d'environ 30 meV, soit beaucoup moins que l'écart typique entre les énergies d'émission de la première transition excitée et de la transition fondamentale d'une population unique de boîtes quantiques émettant autour de 1,3 µm rapporté dans la littérature (60 à 80 meV)[9,10].

D'autre part, en considérant que la durée de vie des porteurs à 300K dans les boîtes quantiques est d'environ 60 ps pour cet échantillon (voir le chapitre IV), et que la densité de boîtes quantiques est de 8.10^9 cm^{-2} (voir la section II-3-1), on peut estimer que pour une densité de puissance d'excitation de 0,8 W.cm^{-2}, chaque boîte quantique de l'échantillon contient en moyenne 0,1 porteur. Or la dégénérescence du k^{ème} niveau confiné de nos boîtes quantiques vaut 2.(k+2) (voir le chapitre IV). Il est donc tout à fait improbable à une densité de puissance d'excitation aussi faible d'observer la luminescence de transitions correspondant à quatre états excités d'une unique population de boîtes, et ce même en considérant une éventuelle redistribution thermiquement activée des porteurs entre les niveaux confinés des boîtes quantiques.

Un cliché obtenu en MET de cet échantillon est présenté sur la figure II-2. Ce cliché est pris en axe de zone-[001], en champ clair. Dans ces conditions d'imagerie, le contraste traduit l'état de contrainte de la zone imagée : les zones contraintes et donc déformées ne remplissent pas la condition de Bragg et apparaissent donc sombres. C'est le cas par exemple des dislocations. La zone la plus déformée d'un îlot se situe à sa base, là où a lieu la jonction entre le réseau du substrat et celui, contraint en compression, de l'îlot. Le réseau est au contraire très peu déformé au centre quasiment relaxé des îlots (voir la figure I-7 du chapitre I). Les îlots apparaissent donc comme des anneaux sombres. La contrainte (et donc le contraste de l'image) est d'autant plus forte à la base de l'îlot que celui-ci est gros et riche en indium. De fortes différences de contraste entre les îlots sont visibles sur la figure II-2. Les tailles des motifs étant relativement homogènes sur ce cliché, les différences de contraste résultent plus probablement de différences de composition en indium entre les îlots. Cependant l'état de contrainte d'un îlot dépend également de sa taille.

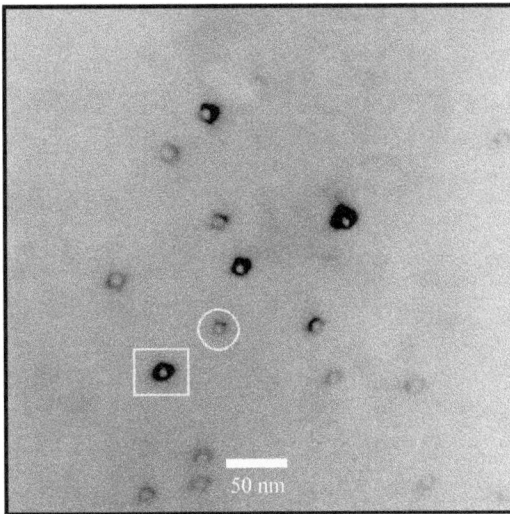

Fig.II-2 : *Cliché obtenu en MET de l'échantillon Or4649 (champ clair, axe de zone-[001]) présentant de fortes différences de contraste entre les îlots : dans le carré un îlot fortement contrasté (et donc fortement contraint), et dans le cercle un îlot faiblement contrasté (et donc moins contraint).*

Une analyse statistique du contraste des îlots est présentée sur la figure II-3. Elle a été réalisée à l'aide d'un logiciel d'analyse d'images développé par Jean-Marie Moison (LPN-CNRS). Pour chaque îlot, le logiciel calcule un contraste (dans une échelle arbitraire, mais commune à toute l'image analysée), c'est à dire une différence entre l'intensité moyenne de l'îlot et l'intensité moyenne du fond, calculée dans une zone sélectionnée autour de l'îlot par l'utilisateur. Le résultat de l'analyse d'un

71

cliché obtenu en MET de l'échantillon Or4649 prenant en compte environ 200 îlots est présenté sur la figure II-3 : il s'agit d'une courbe reflétant la distribution des contrastes (et donc essentiellement des états de contrainte) des îlots. La barre d'erreur correspond à la déviation standard : pour chaque point $\frac{\Delta n}{n} \propto \frac{1}{\sqrt{n}}$, où n est le nombre d'îlots.

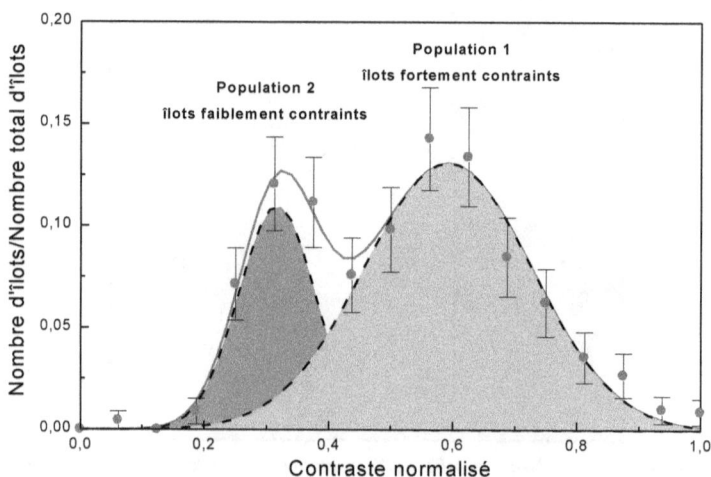

Fig.II-3 : *Analyse du contraste d'une image obtenue en MET (à faible grandissement) de l'échantillon Or4649. Le graphe représente le nombre d'îlots en fonction de leur contraste normalisé. La courbe somme des deux gaussiennes tracées en pointillés est représentée en trait plein, et les cercles pleins sont les points expérimentaux.*

Les points expérimentaux peuvent être ajustés à l'aide de la somme de deux courbes gaussiennes, centrées sur des valeurs bien distinctes de contraste normalisé. Les îlots de cet échantillon semblent donc présenter une distribution bimodale de contrainte. La première population (pop.1) correspond à une famille d'îlots fortement contrastés (et donc fortement contraints), et la seconde population (pop.2), correspond à une famille d'îlots moins contrastés (et donc moins contraints). Notons par ailleurs que les incertitudes liées au traitement statistique du contraste des îlots ne permettent pas de conclure quantitativement quant aux densités relatives des deux populations de boîtes quantiques.

Nous avons vu que le spectre de photoluminescence de la figure II-1 ne pouvait résulter de la luminescence d'une unique population d'îlots. Il est en revanche beaucoup plus facile de l'interpréter dans l'hypothèse d'un élargissement inhomogène bimodal : les pics 1 et 3 correspondent respectivement à la transition fondamentale et à la première transition excitée d'une première population d'îlots, et les pics 2 et 4 peuvent être attribués respectivement à la transition fondamentale et à la première transition excitée d'une seconde population d'îlots. Les distances spectrales entre les pics 1 et 3 et les pics 2 et 4 sont de 66 et 78 meV respectivement, ce qui est de l'ordre des valeurs rapportées dans la littérature. Le pic 5 correspond quant à lui à la somme des émissions de transitions excitées non résolues spectralement des deux populations. Notons cependant que la déconvolution en gaussiennes des spectres de photoluminescence doit être considérée avec précaution, notamment en ce qui concerne les transitions de haute énergie (transitions excitées). En effet pour ces transitions, à température ambiante, l'excitation thermique des porteurs peu confinés vers des états du continuum de la couche de mouillage peut conduire à un élargissement des pics vers les hautes énergies. Pour les transitions de plus basse énergie (transitions fondamentales), les distributions gaussiennes constituent une approximation raisonnable de la distribution inhomogène de boîtes quantiques.

La présence de deux populations d'îlots dans certaines conditions de croissance sera confirmée dans la suite de l'étude (paragraphe II-2). Les résultats des deux sections suivantes sont présentés en admettant dès à présent l'hypothèse que l'observation d'un élargissement inhomogène bimodal est possible dans certaines conditions de croissance de nos échantillons. Par ailleurs, l'analyse de contraste présentée ici ne permet pas de conclure quant aux différences structurales entre les deux populations d'îlots : les boîtes quantiques des deux populations peuvent se distinguer par leur composition ou leur hauteur. Une différence significative de taille latérale est moins probable, les tailles des motifs de contraste de la figure II-2 étant relativement homogènes. Ce point sera discuté plus en détails au chapitre III.

II-1-2 Influence de l'épaisseur d'InAs

Nous avons épitaxié une série de 6 échantillons contenant des boîtes quantiques formées par dépôt à 460°C d'une épaisseur e d'InAs (1,2 MC < e < 2,1 MC) et de 5,2 MC (1,5 nm) d'$In_{0,15}Ga_{0,85}As$ (tableau II-1).

Echantillon	Epaisseur d'InAs (MC)
Or4911	1,2
Or4914	1,24
Or4913	1,29
Or4912	1,43
Or4910	1,67

Tab.II-1 : Epaisseur d'InAs déposée pour les échantillons Or4911, Or4914, Or4913, Or4912 et Or4910

L'épaisseur d'InAs déposée a été déterminée selon la méthode décrite au chapitre I. Les spectres de photoluminescence des 6 échantillons, relevés à 77K sous une puissance d'excitation de 20 mW (soit environ 16 W.cm^{-2}), sont présentés sur la figure II-4.

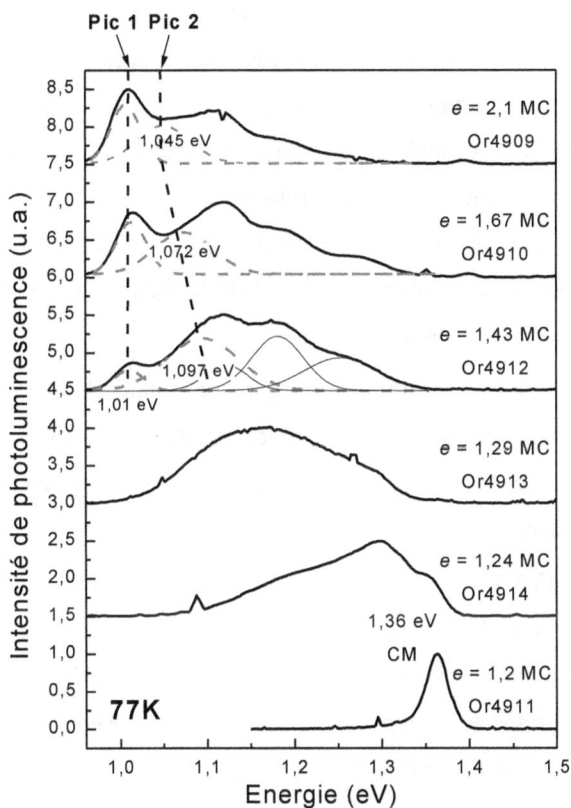

Fig.II-4 : *Spectres de photoluminescence d'échantillons contenant une épaisseur e d'InAs comprise entre 1,2 et 2,1 MC. Les expériences ont été menées à 77K sous une puissance d'excitation de 20 mW. Les intensités sont normalisées et ne peuvent être comparées d'un échantillon à l'autre.*

Pour $e = 1,2$ MC (échantillon Or4911), le spectre est caractéristique d'un puits quantique : l'épaisseur critique de formation des îlots n'a pas été dépassée, et la photoluminescence observée à 1,36 eV est celle d'une couche bidimensionnelle sans boîte quantique.

Pour $e = 1,24$ MC (échantillon Or4914), un épaulement correspondant à la luminescence de la couche bidimensionnelle (couche de mouillage) est toujours visible à 1,36 eV, mais le spectre est maintenant dominé par une raie large centrée autour de 1,27 eV. L'apparition d'une raie large à plus basse énergie que la couche de mouillage est caractéristique de la formation d'îlots[11] : aux premiers stades de leur formation, la dispersion en taille et en composition des îlots est très forte, car ils n'ont pas encore atteint une taille suffisante pour que la contrainte à leur base limite la diffusion des atomes adsorbés (voir le chapitre I).

Pour $e = 1,29$ MC (échantillon Or4913), on ne voit plus la luminescence de la couche de mouillage : la densité d'îlots est devenue suffisante pour que tous les porteurs injectés se recombinent dans les îlots, qui constituent des pièges efficaces[12].

Pour $e = 1,43$ MC (échantillon Or4912), le spectre est plus structuré. Les pics s'affinent car la diffusion des atomes adsorbés est maintenant limitée à la base des îlots du fait de la contrainte : la taille des îlots devient plus homogène. Le spectre peut maintenant être déconvolué en cinq gaussiennes comme celui de la figure II-1.

Considérons l'évolution des deux premiers pics (en pointillés sur la figure II-4) quand e augmente au delà de 1,43 MC : la position du pic 1 reste inchangée jusqu'à $e = 2,1$ MC. En revanche, l'énergie du pic 2 se décale vers le rouge quand e augmente : elle passe de 1,097 eV pour $e = 1,43$ MC à 1,072 eV pour $e = 1,67$ MC et 1,045 eV pour $e = 2,1$ MC. Pour cette dernière épaisseur, l'écart spectral entre les deux pics (35 meV) est à peu près le même que celui que nous avions estimé pour l'échantillon de la figure II-1 (30 meV). Nous attribuons donc ces deux pics aux transitions associées aux niveaux fondamentaux des deux populations d'îlots décrites dans le paragraphe précédent. Les énergies des pics sont décalées d'environ 60 meV vers le bleu par rapport au spectre de la figure II-1 relevé à 300K du fait de la variation de l'énergie de bande interdite avec la température.

Ainsi lorsque l'épaisseur d'InAs déposé augmente, on voit apparaître deux population d'îlots. L'énergie de la transition fondamentale de la première (1,01 eV à 77K) dépend très peu de l'épaisseur d'InAs déposé, alors que l'énergie de la transition fondamentale de la deuxième (1,045 eV à 77 K pour e = 2,1 MC) est plus sensible à l'épaisseur d'InAs déposé.

II-1-3 Influence de la couche d'InGaAs

Nous avons montré dans la section précédente que le dépôt à 460°C d'une épaisseur suffisante (> 1,43 MC) d'InAs recouvert de 5,2 MC d'$In_{0,15}Ga_{0,85}As$ conduisait à l'observation d'un élargissement inhomogène bimodal de la photoluminescence de nos îlots. Nous nous intéressons ici à la luminescence de l'échantillon Or4894 contenant des îlots formés par dépôt de 2,1 MC d'InAs, sans déposer d'InGaAs d'encapsulation. Le spectre de photoluminescence de cet échantillon est comparé sur la figure II-5 à celui de l'échantillon Or4909 contenant 2,1 MC d'InAs et environ 5,2 MC d'$In_{0,15}Ga_{0,85}As$. Les îlots de ces deux échantillons ont été épitaxiés à 460°C.

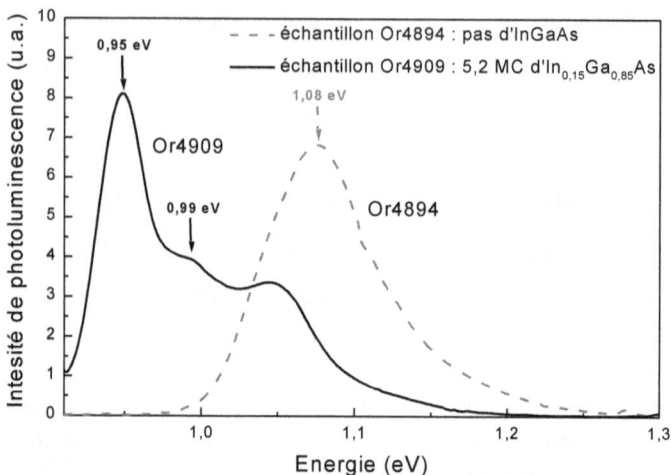

Fig.II-5 : *Spectres de photoluminescence relevés à 300 K de deux échantillons contenant respectivement 2,1 MC d'InAs (échantillon Or4894 : pointillés) et 2,1 MC d'InAs et 5,2 MC d' $In_{0,15}Ga_{0,85}As$ (échantillon Or4909 : trait plein). La mesure a été effectuée sous une puissance d'excitation de 40 mW.*

Le spectre de l'échantillon Or4894 ne présente qu'un seul pic, centré à 1,08 eV et correspondant à l'émission de la transition fondamentale des îlots qu'il contient. Le spectre s'élargit vers les hautes énergies du fait du peuplement des états excités. En revanche, les îlots de l'échantillon Or4909 présentent un élargissement inhomogène bimodal semblable à celui décrit dans la section II-1-1 (figure II-1). Les transitions fondamentales des deux populations d'îlots émettent à 0,96 et 0,99 eV. Le troisième pic centré à 1,05 eV correspond à l'émission de transitions associées à des états excités des boîtes quantiques.

> *La couche d'InGaAs épitaxiée au dessus de l'InAs semble donc être responsable de la bimodalité. Elle provoque de plus un décalage vers le rouge de l'ensemble du spectre.*

II-1-4 Bilan sur les îlots épitaxiés à basse température

L'analyse de clichés obtenus en MET, couplée à des résultats de photoluminescence, nous a permis de mettre en évidence la présence de deux populations d'îlots pour une épitaxie à basse température (460°C). Ce caractère bimodal sera confirmé par les études présentées dans la suite. La bimodalité n'apparaît que si l'épaisseur d'InAs déposé excède environ 1,4 MC. Notons au passage que l'épaisseur critique de formation des îlots est inférieure à 1,4 MC (figure II-4), ce qui est plus faible que la valeur de 1,7 MC[13] rapportée dans la littérature pour des îlots fabriqués en EJM par dépôt d'InAs pur. Ce résultat sera précisé et commenté dans le paragraphe suivant. Enfin les deux populations d'îlots n'apparaissent que si l'on dépose une couche d'InGaAs au dessus de l'InAs.

II-2 Origine de la bimodalité

Ce paragraphe est dédié à l'étude des mécanismes de croissance des îlots épitaxiés à basse température (T = 460°C). Dans une première section, nous détaillerons les mécanismes qui mènent à la formation des deux populations décrites dans le paragraphe précédent en étudiant une série d'échantillons contenant des îlots non recouverts. Dans la section suivante, nous expliquerons l'influence de la désorption de l'indium et de l'interdiffusion entre l'indium et le gallium lors de la remontée en température et de la croissance à haute température qui suit les étapes de formation du plan d'îlots sur sa morphologie, en mettant en évidence le rôle capital de l'épaisseur de GaAs d'encapsulation. Enfin nous extrairons de cette étude un certain nombre de caractéristiques des îlots qui étayerons les discussions des chapitres III et IV sur les propriétés structurales et optiques des boîtes quantiques.

II-2-1 Mécanismes de formation des deux populations d'îlots à basse température de croissance

Nous présentons ici l'étude en MET d'une série d'échantillons contenant des îlots non recouverts, pour lesquels la croissance a été arrêtée aux différentes étapes de leur formation. Les caractéristiques des échantillons sont résumées dans le tableau II-2 ci-dessous. De plus amples détails sur leur structure sont donnés dans le tableau I-1 du chapitre I. Les îlots et la couche de GaAs d'encapsulation (quand elle existe) ont été épitaxiés à 460°C, et pour chaque échantillon, la croissance a été arrêtée après la dernière couche en diminuant rapidement la température du substrat sous flux d'arsine afin d'éviter toute évolution du plan d'îlots après croissance susceptible de perturber l'étude.

Numéro de l'échantillon	Epaisseur d'InAs (MC)	Epaisseur d'In$_{0,15}$Ga$_{0,85}$As (MC)	Epaisseur de GaAs d'encapsulation (MC)
Or4887	1,22	0	0
Or4880	1,25	0	0
Or4881	1,29	0	0
Or4876	1,33	0	0
Or4870	1,56	0	0
Or4860	2,0	0	0
Or4866	2,0	5,2	0
Or4867	2,0	5,2	2

Tab.II-2 : *Description des échantillons non recouverts pour l'étude en MET de la formation des deux populations d'îlots.*

II-2-1-a Nucléation de l'InAs sur le GaAs

Après dépôt de 2 MC d'InAs, on peut observer trois types d'îlots sur le cliché obtenu en MET de l'échantillon Or4860 (figure II-6).

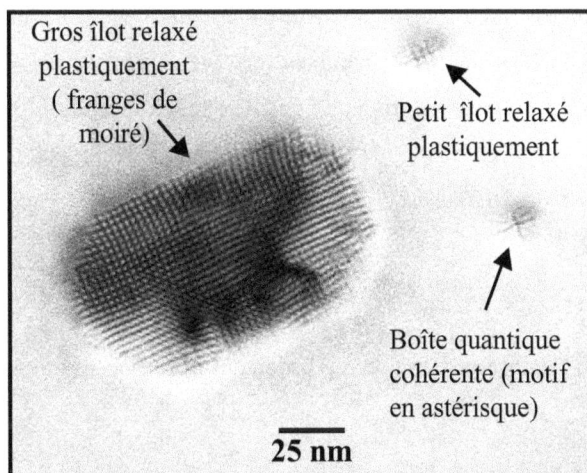

Fig.II-6 : *Image obtenue en MET en champ clair (axe de zone-[001]) de l'échantillon Or4860.*

Les gros îlots présentant des franges de moiré ont des tailles assez dispersées comprises entre 45 et 80 nm. Leur densité est d'environ 10^9 cm^{-2}. Les franges de moiré sont caractéristiques de la relaxation plastique de la couche contrainte épitaxiée : elles résultent des interférences entre les faisceaux diffractés par le substrat et la couche contrainte relaxée plastiquement. La mesure du pas des franges (ici en moyenne 3,2 nm) permet, par de simples considérations cristallographiques, de remonter à la composition des îlots relaxés plastiquement, à condition que la relaxation plastique soit totale (le matériau constitutif des îlots relaxés plastiquement doit avoir repris son paramètre de maille non contraint). Si la relaxation plastique est partielle, la composition est sous-estimée. On trouve pour les gros îlots relaxés plastiquement une composition en indium supérieure à 90%.

Les petits îlots relaxés plastiquement présentent quant à eux une densité d'environ 4.10^8 cm^{-2} et une taille latérale moyenne de 20 nm. Leur composition en indium est également supérieure à 90%. Enfin le cliché présente aussi des motifs de contraste en astérisque, qui résultent de la diffraction du faisceau électronique par des boîtes quantiques cohérentes non encapsulées[2]. La densité de ces boîtes quantiques est d'environ $1,4.10^8$ cm^{-2} et leur taille latérale est d'en moyenne 20 nm.

La figure II-7 confirme l'état de relaxation des trois espèces d'îlots.

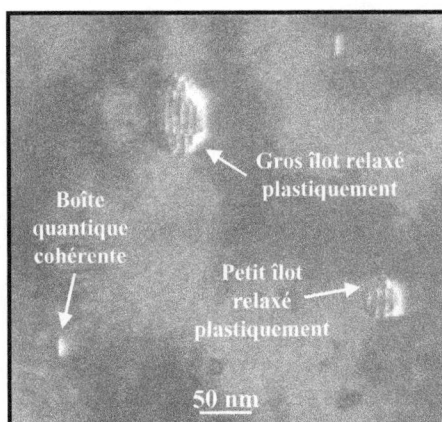

Fig.II-7 : Cliché obtenu en MET de l'échantillon Or4860 ([220] – faisceau faible).

Il s'agit d'un cliché obtenu en MET du même échantillon (Or4860), réalisé en faisceau faible selon la direction [220]. Dans ces conditions d'imagerie, l'échantillon préalablement orienté selon la direction [220] est volontairement désorienté, de façon à ce que la condition de Bragg ne soit respectée que pour les zones où le réseau est déformé. On obtient ainsi une image présentant une intensité de faisceau diffracté forte dans les zones disloquées (en particulier à l'interface entre le substrat et les couches relaxées plastiquement), et au niveau des boîtes quantiques cohérentes (à la base desquelles le réseau est déformé comme nous l'avons déjà précisé à la section II-1-1). Le motif de contraste résultant du réseau de dislocations à l'interface entre les îlots relaxés plastiquement et le substrat présente au moins deux franges claires, alors que celui résultant des îlots cohérents n'est constitué que d'un seul trait clair.

On retrouve bien sur la figure II-7 les trois types d'îlots décrits précédemment, avec les mêmes densités. En particulier les motifs en astérisque de la figure II-6 correspondent bien à des boîtes quantiques cohérentes, dont le contraste résultant sur la figure II-7 est un simple trait clair.

Il semble donc que les îlots de l'échantillon Or4860 aient atteint un stade avancé de leur évolution : la plupart d'entre eux ont déjà dépassé la taille critique de relaxation plastique, et ont même grossi bien au delà de cette taille. Nous avons mesuré la variation des densités de chacun de ces trois types d'îlots en MET en fonction de l'épaisseur e d'InAs déposée (entre 1,22 MC et 2 MC, voir le tableau II-2).

L'échantillon Or4887 (1,22 MC d'InAs) ne contient pas d'îlot. Les densités des trois types d'îlots sont portées en fonction de e sur le graphe de la figure II-8 pour les cinq autres échantillons.

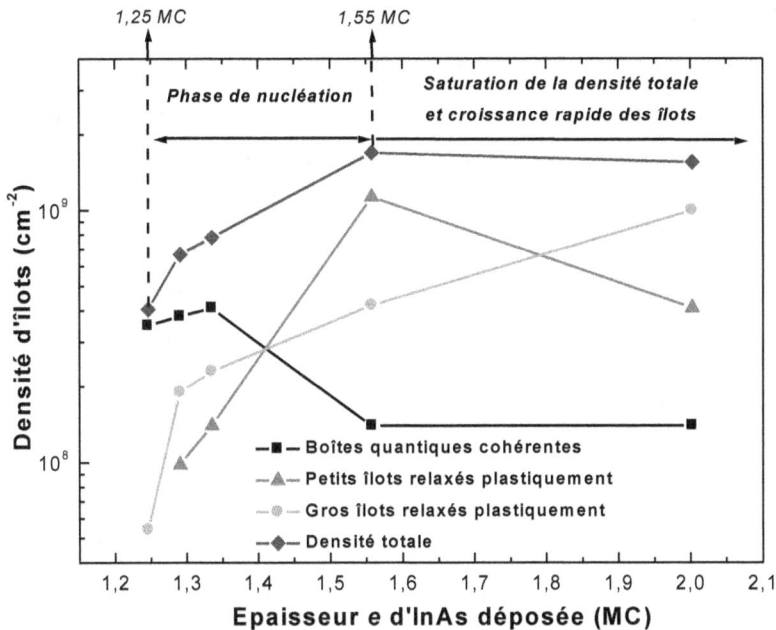

Fig.II-8 : *Densité de boites quantiques cohérentes (carrés), de petits îlots relaxés plastiquement (triangles), de gros îlots relaxés plastiquement (cercles) et totale (losanges) en fonction de l'épaisseur e d'InAs. (Echantillons Or4880, Or4881, Or4876, Or4870 et Or4860).*

Intéressons nous tout d'abord à la variation de la densité totale d'îlots. La densité est nulle pour e = 1,22 MC (échantillon Or4880) et vaut 3.10^8 cm^{-2} pour e = 1,25 MC (échantillon Or4881). L'épaisseur critique de relaxation élastique est donc comprise dans notre cas entre 1,22 et 1,25 MC, ce qui est plus faible que les valeurs typiques (entre 1,5 et 1,7 MC) rapportées dans la littérature[13,14] pour des îlots fabriqués en EJM par dépôt d'InAs pur, mais tout à fait comparable à la valeur rapportée en référence 15 par exemple pour des îlots épitaxiés par EPVOM.

La densité totale d'îlots croît rapidement avec e, puis se stabilise pour e > 1,55 MC (échantillons Or4870 et Or4860) à environ $1,7.10^9$ cm^{-2}. Cette dépendance est tout à fait typique[16,17] de la croissance des boîtes quantiques : l'augmentation rapide de la densité aux faibles épaisseurs d'InAs correspond à la phase de nucléation des îlots (voir le chapitre I). Lorsque la densité d'îlots devient suffisamment grande pour que la distance moyenne entre îlots soit de l'ordre de grandeur de la longueur de diffusion des atomes sur la surface de croissance, ces derniers alimentent les îlots déjà existants et le taux de nucléation diminue. La densité atteint alors un régime de saturation et la taille des îlots augmente rapidement. Nous n'observons pas ici de régime de coalescence, la densité de saturation étant trop faible (la distance moyenne entre îlots est d'environ 250 nm).

Pour $e \approx 1,55$ MC (échantillon Or4870), la densité de boîtes quantiques cohérentes décroît brutalement au profit de la densité de petits îlots relaxés plastiquement. Ceci suggère que la formation des petits îlots relaxés plastiquement résulte de la relaxation plastique des îlots cohérents (et non d'un phénomène de nucléation hétérogène). De même pour $e = 2$ MC, la densité de petits îlots relaxés plastiquement décroît alors que la densité de gros îlots relaxés plastiquement continue de croître et que la densité totale n'augmente pas. Les gros îlots relaxés ont donc pour origine les petits îlots relaxés plastiquement qui continuent à croître. En outre ce processus est particulièrement rapide, puisque pour $e = 1,25$ MC, c'est à dire pour une épaisseur d'InAs à peine supérieure à l'épaisseur critique, de gros îlots relaxés plastiquement coexistent déjà avec les boîtes quantiques cohérentes. De plus, le nombre de petits îlots relaxés plastiquement augmente très rapidement dès que la phase de croissance ($e > 1,55$ MC) est atteinte : les îlots cohérents dont ils proviennent sont à la limite de la taille critique de relaxation plastique.

Nous attribuons la rapidité du processus de croissance et de relaxation plastique de nos îlots à la grande longueur de diffusion de surface des atomes sur la surface de croissance caractéristique de l'EPVOM[18,19]. En particulier, en EVPOM, les atomes peuvent diffuser de manière efficace via la phase gazeuse.

De ceci résulte également la faible densité de boîtes quantiques à la saturation ($1,7.10^9$ cm^{-2} contre quelques 10^{10} cm^{-2} pour des structures épitaxiées en EJM[14]) caractéristique de nos échantillons et des échantillons à boîtes quantiques épitaxiés en EPVOM en général. En effet le taux de nucléation diminue quand la longueur de diffusion de surface augmente (voir le chapitre I). La faible valeur de l'épaisseur critique de formation des îlots peut également être attribuée à une diffusion de surface efficace des atomes adsorbés : quelques études montrent que l'épaisseur critique de formation des îlots augmente quand la vitesse de croissance augmente (et donc que la longueur de diffusion de surface diminue)[20].

II-2-1-b Nucléation de boîtes quantiques d'InGaAs sur la couche de mouillage des îlots formés par dépôt d'InAs

Intéressons nous maintenant à la vue plane obtenue en MET de l'échantillon Or4866 (figure II-9), pour lequel nous avons déposé 2 MC d'InAs et 5,2 MC d'$In_{0,15}Ga_{0,85}As$.

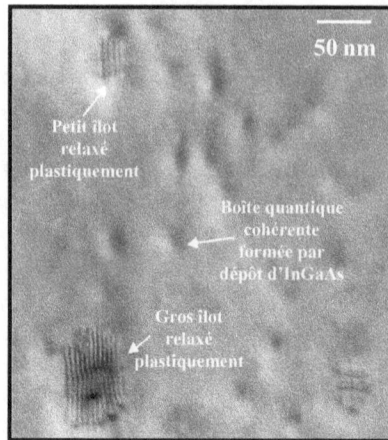

Fig.II-9 : Vue obtenue en MET en champ clair (axe de zone-[001]) de l'échantillon Or4866

L'échantillon contient une forte densité de boîtes quantiques cohérentes (environ $2,5.10^{10}$ cm^{-2}). Cette densité est beaucoup plus forte que celle des boîtes quantiques cohérentes de l'échantillon Or4860 (pour lequel nous n'avions pas déposé de couche d'InGaAs), et implique un processus de nucléation de l'In$_{0,15}$Ga$_{0,85}$As sur la couche de mouillage des îlots formés par dépôt d'InAs (que nous désignerons désormais par « couche de mouillage » sans autre précision pour plus de clarté). En outre, l'échantillon contient toujours des petits îlots relaxés plastiquement dont la taille (40 à 45 nm) et la densité (environ 6.10^{8} cm^{-2}) sont supérieures à celles mesurées pour l'échantillon Or4860. Notons en particulier que la densité de ces petits îlots relaxés plastiquement est, aux imprécisions de mesure près, égale à la somme des densités des boîtes quantiques cohérentes et des petits îlots relaxés plastiquement de l'échantillon Or4860 (soit $5,4.10^{8}$ cm^{-2}). Enfin les gros îlots relaxés plastiquement sont toujours présents dans cet échantillon, avec approximativement la même taille et la même densité que dans l'échantillon Or4860. Les compositions moyennes des îlots relaxés plastiquement (petits ou gros) n'ont pas significativement varié lors du dépôt de la couche d' $In_{0,15}Ga_{0,85}As$ (le pas des franges de moiré est identique pour les gros îlots relaxés contenus dans les échantillons Or4860 et Or4866).

La figure II-9 montre qu'il y a eu nucléation de l'$In_{0,15}Ga_{0,85}As$ sur la couche de mouillage, et par conséquent qu'une population supplémentaire de boîtes quantiques cohérentes apparaît lors du dépôt de la couche d'InGaAs, ce qui confirme le résultat de la section II-1-3.

Le dépôt de 5,2 MC d'$In_{0,15}Ga_{0,85}As$ sur du GaAs ne donne pas lieu à la formation d'îlots[21] : le désaccord paramétrique entre les deux matériaux est trop faible pour que le mode de croissance Stranski-Krastanov soit mis en œuvre (voir le chapitre I). La couche de mouillage sur laquelle nuclée l'$In_{0,15}Ga_{0,85}As$ possède le même paramètre de maille dans le plan que le GaAs (elle est pseudomorphique), mais elle a accumulé une forte énergie élastique (voir l'introduction du chapitre I). Or des études expérimentales[22] et théoriques[23] concernant des empilements de plans de boîtes quantiques ont montré que l'épaisseur critique de relaxation élastique d'une couche contrainte est réduite lorsque celle-ci est épitaxiée sur une couche elle même contrainte. La relaxation élastique de l'$In_{0,15}Ga_{0,85}As$, thermodynamiquement impossible sur du GaAs non contraint, devient énergétiquement rentable sur la couche de mouillage fortement contrainte formée par dépôt d'InAs. Cette dernière participe donc à la croissance tridimensionnelle en favorisant la relaxation élastique de la couche d'InGaAs.

En outre, la nucléation d'îlots sur une couche qui en contient déjà implique obligatoirement une diminution de la longueur de diffusion des atomes adsorbés sur la surface de croissance. En effet dans le cas contraire, tout atome supplémentaire adsorbé sur la surface préférera « s'accrocher » à un îlot déjà existant plutôt que de former un nouveau noyau (d'où l'existence d'une densité d'îlots de saturation : voir la figure II-8 et le chapitre I). Or l' accumulation d'énergie élastique dans une couche désaccordée conduit à une augmentation de la rugosité de sa surface[24]. La couche de mouillage de nos îlots formés par dépôt d'InAs n'échappe pas à cette règle. Sa rugosité semble être suffisante pour réduire efficacement la longueur de diffusion de surface des atomes, et par conséquent permettre la nucléation d'une population dense d'îlots. L'augmentation de la densité par un effet similaire a par ailleurs déjà été démontrée dans le cas de la croissance de boîtes quantiques sur des surfaces vicinales[25].

La densité des petits îlots relaxés plastiquement de l'échantillon Or4866 (6.10^8 cm^{-2}) est environ égale à la somme des densités des boîtes quantiques cohérentes et des petits îlots relaxés de l'échantillon Or4860 ($5.4.10^8$ cm^{-2}), comme le rappelle le tableau II-3.

Echantillon	Densité de petits îlots plastiquement relaxés	Densité de petits îlots cohérents
Or4860	4.10^8 cm^{-2}	$1.4.10^8$ cm^{-2}
Or4866	6.10^8 cm^{-2}	$2.5.10^{10}$ cm^{-2}

Tab.II-3 : *Densités de petits îlots cohérents et plastiquement relaxés dans les échantillons Or4860 et Or4866.*

De plus, nous avons montré que le processus de formation des îlots de l'échantillon Or4860 est très rapide. La taille des îlots augmente très vite quand l'épaisseur d'InAs déposé augmente, et les boîtes quantiques cohérentes dépassent rapidement leur taille critique de relaxation plastique (figure II-8). Celles qui n'ont pas relaxé plastiquement ont donc une taille proche de la taille de relaxation plastique. Le dépôt de la couche d' $In_{0,15}Ga_{0,85}As$ semble avoir provoqué la relaxation plastique de toutes les boîtes quantiques cohérentes formées par dépôt d'InAs, comme le confirment les valeurs des densités. Les seules boîtes quantiques cohérentes de l'échantillon Or4866 ont été formées lors de la nucléation de l'$In_{0,15}Ga_{0,85}As$ sur la couche de mouillage.

Le dépôt de la couche d'$In_{0,15}Ga_{0,85}As$ sur le plan d'îlots formé lors de la nucléation d'InAs conduit donc à l'apparition d'une nouvelle population de boîtes quantiques de forte densité ($2,5.10^{10}$ cm^{-2}). Il provoque également la relaxation plastique de tous les îlots cohérents formés lors du dépôt d'InAs. Les seules boîtes quantiques cohérentes de l'échantillon Or4866 sont celles formées par nucléation de l'$In_{0,15}Ga_{0,85}As$.

II-2-1-c Effet de la couche d'encapsulation de GaAs

L'échantillon Or4867 contient 2 MC d'InAs, 5,2 MC d'$In_{0,15}Ga_{0,85}As$, et 2 MC de GaAs. Il présente à nouveau trois types d'îlots (figure II-10).

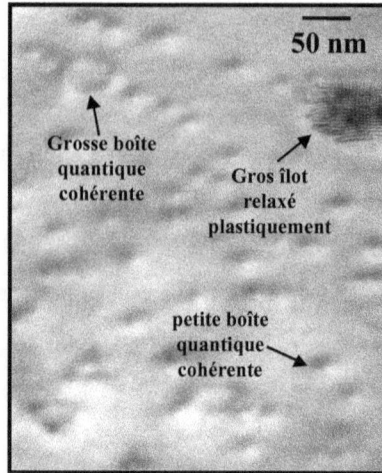

Fig.II-10 : *Vue obtenue en MET en champ clair (axe de zone-[001]) de l'échantillon Or4867*

La taille et la densité des petites boîtes quantiques cohérentes formées par nucléation d'$In_{0,15}Ga_{0,85}As$ sur la couche de mouillage et des gros îlots relaxés plastiquement n'ont pas changé de manière significative lors du dépôt du GaAs. Par contre, l'échantillon Or4867 ne contient plus de petits îlots relaxés plastiquement, présents dans l'échantillon Or4866 décrit dans la section précédente. On y trouve en revanche une population de grosses boîtes quantiques cohérentes, présentant une densité (environ 6.10^8 cm^{-2}) et une taille moyenne (entre 40 et 50 nm) équivalentes à celles des petits îlots relaxés plastiquement de l'échantillon Or4866. Les densités des différents types d'îlots contenus dans les échantillons Or4860, Or4866 et Or4867 sont rappelées dans le tableau II-4.

Echantillon	Densité de petits îlots plastiquement relaxés	Densité de petits îlots cohérents	Densité de gros îlots cohérents
Or4860	$4.10^8\ cm^{-2}$	$1.4.10^8\ cm^{-2}$	0
Or4866	$6.10^8\ cm^{-2}$	$2.5.10^{10}\ cm^{-2}$	0
Or4867	0	$2.5.10^{10}\ cm^{-2}$	$6.10^8\ cm^{-2}$

Tab.II-4 : *Densités des différents types d'îlots contenus dans les échantillons Or4860, Or4866 et Or4867.*

La population de gros îlots cohérents de l'échantillon Or4867 semble donc provenir de la « dé-relaxation » des petits îlots relaxés plastiquement de l'échantillon Or4866. En effet, la disparition de ces petits îlots relaxés plastiquement est énergétiquement favorable pour le système. Le GaAs déposé pourrait croître sur ces îlots en conservant son paramètre de maille relaxé. Ceci impliquerait cependant la formation d'un plan de dislocations d'accommodation à l'interface entre les petits îlots relaxés plastiquement (dont la composition en indium est proche de 100%) et le GaAs d'encapsulation, ce qui représenterait un coût énergétique important. L'enrichissement en gallium des petits îlots relaxés plastiquement, accompagné de leur dé-relaxation, est énergétiquement plus rentable.

Ce phénomène de dé-relaxation conduit donc à la formation d'une deuxième population de boîtes quantiques cohérentes, qui vient s'ajouter à la population de boîtes quantiques cohérentes formées lors du dépôt de l'InGaAs.

Notons qu'à ce stade de la croissance, les compositions des îlots de ces deux populations sont probablement très différentes : les îlots de la population formée lors du dépôt de l'InAs, relaxés plastiquement lors du dépôt de l'InGaAs puis « dé-relaxés » lors du dépôt du GaAs sont sans aucun doute plus riches en indium (leur composition en indium avoisine probablement les 80%), que les îlots de la population formée lors de la nucléation de l'$In_{0,15}Ga_{0,85}As$. Les différences de contraste observées sur le cliché obtenu en MET présenté dans la section II-1-1 résultent donc plus probablement de différences de composition entre les deux populations d'îlots.

Remarquons néanmoins que les forts champs de contrainte générés par les îlots, notamment à l'interface avec le substrat, favorisent l'interdiffusion entre l'indium et le gallium, ce qui peut conduire à une homogénéisation des compostions des îlots des deux populations. L'influence de ce phénomène d'interdiffusion sera discuté plus en détails dans la section II-2-2 et au chapitre III.

II-2-1-d Bilan et discussion des résultats expérimentaux du paragraphe II-1

A la fin du processus de formation des îlots épitaxiés à 460°C discuté ci-dessus, et avant l'étape de remontée en température qui sera étudiée au paragraphe II-2, les échantillons contiennent trois types d'îlots.

- **Les gros îlots relaxés plastiquement** sont issus de la nucléation de l'InAs sur le GaAs. Ils présentent une densité d'environ 10^9 cm^{-2}, et sont optiquement inactifs[26] (du moins ils n'émettent pas de photons dans la gamme spectrale de fonctionnement de notre détecteur). Par contre ils nuisent à la qualité optique des échantillons, car ils constituent des pièges non radiatifs pour les porteurs de charge.

- **Les grosses boîtes quantiques cohérentes** proviennent également de la nucléation de la couche d'InAs. Leur densité est d'environ 6.10^8 cm^{-2}, et leur formation résulte d'un processus de dé-relaxation des petits îlots relaxés plastiquement suite au dépôt de l'InGaAs. Bien qu'ayant diminué lors du dépôt de la couche de GaAs, leur composition en indium est probablement forte, de l'ordre de 80%.

- Enfin **les petites boîtes quantiques cohérentes** sont issues de la nucléation de la couche d'In$_{0,15}$Ga$_{0,85}$As sur la couche de mouillage formée par dépôt d'InAs. Leur densité ($2,5.10^{10}$ cm^{-2}) est beaucoup plus élevée que celle des deux autres types d'îlots, car la rugosité de la couche contrainte sur laquelle ils croissent favorise leur nucléation. Leur composition en indium est beaucoup plus faible que celle des îlots formés par dépôt d'InAs : même si l'interdiffusion indium-gallium peut mener à une augmentation de leur composition, il est peu vraisemblable qu'elle atteigne 80%.

Cette étude confirme les résultats de l'analyse de contraste présentée à la section II-1-1 : l'épitaxie d'îlots à basse température conduit, dans nos conditions de croissance, à la formation de deux populations de boîtes quantiques cohérentes.

Avant l'étape de remontée en température (voir le chapitre III), ces deux populations se distinguent essentiellement par leur composition en indium. La formation des boîtes quantiques riches en indium (population 1 sur la figure II-3) résulte de la nucléation de la couche d'InAs, et celle des boîtes quantiques pauvres en indium (population 2 sur la figure II-3) résulte de la nucléation de l'$In_{0,15}Ga_{0,85}As$. Dans toute la suite de ce manuscrit, nous nommerons « population 1 » (pop.1) la famille de boîtes quantiques cohérentes riches en indium (avant la croissance des couches supérieures), et « population 2 » (pop.2) la famille de boîtes quantiques cohérentes pauvres en indium (avant la croissance des couches supérieures).

Avant l'étape de remontée en température, les boîtes quantiques de la population 1 sont plus grosses que celles de la population 2. Or sur le cliché obtenu en MET de la figure II-2, tous les îlots ont sensiblement la même taille latérale. Nous verrons dans la section II-2-2 que ceci est dû à l'interdiffusion de l'indium et du gallium. L'attribution des pics de luminescence de la figure II-1 est sans ambiguïté : les boîtes quantiques de la pop.1 sont au moins aussi grosses (après la remontée en température) que les boîtes quantiques de la pop.2, et leur composition en indium est à priori plus forte (malgré les phénomènes d'interdiffusion que nous discuterons au chapitre III). Elles sont donc responsables de la raie à basse énergie (l'émission de leur transition fondamentale est centrée autour de 0,96 eV à 300K : voir la figure II-1). Les boîtes quantiques de la pop.2 émettent quand à elles autour de 0,99 eV dans leur transition fondamentale à température ambiante.

La formation de la pop.2 résultant de la nucléation de la couche d'InGaAs, il est en outre normal que l'élargissement inhomogène bimodal du spectre de photoluminescence n'apparaisse que si on dépose cette couche (figure II-5).

Enfin l'interprétation de la figure II-4 peut maintenant être complétée à la lumière des résultats de ce paragraphe. Tout d'abord les résultats obtenus en MET et en photoluminescence concernant l'épaisseur critique de formation des îlots sont cohérents : elle est comprise entre 1,22 et 1,25 MC.

De plus, sur la figure II-4, l'élargissement inhomogène de la luminescence n'est bimodal que pour des épaisseurs e d'InAs déposées supérieures à 1,43 MC. Or nous avons montré que la nucléation de l'InGaAs sur la couche de mouillage était rendue possible par la contrainte accumulée dans cette couche et par sa rugosité (voir la figure II-9 et son commentaire). L'épaisseur de la couche de mouillage bidimensionnelle ne dépend pas, dans un scénario idéal de croissance dans le mode Stranski-Krastanov, de la quantité d'InAs déposée au delà de l'épaisseur critique. En effet au delà de cette quantité, les atomes adsorbés à la surface de croissance forment des îlots, ou alimentent les îlots déjà existants (voir le chapitre I). Il faut pourtant atteindre $e = 1,43$ MC pour constater la croissance tridimensionnelle de l'InGaAs sur la couche de mouillage. L'épaisseur, et donc l'énergie de contrainte accumulée dans la couche de mouillage n'ayant pas augmenté entre $e = e_{crit}$ et $e = 1,43$ MC (dans l'hypothèse d'un mode de croissance Stranski-Krastanov idéal), c'est un phénomène cinétique qui empêche la nucléation de l'InGaAs pour $e < 1,43$ MC. Nous attribuons ce « retard à la nucléation de l'InGaAs » à une rugosité insuffisante de la couche de mouillage quand $e < 1,43$ MC : tant que la densité de marches atomiques n'est pas suffisante pour que la longueur de diffusion des atomes adsorbés sur la surface de croissance devienne inférieure à la distance moyenne entre îlots, la nucléation de l'InGaAs est impossible (voir la section II-2-1-b).

Le pic de photoluminescence de la transition fondamentale de la pop.2 se décale vers le rouge pour $e = 1,67$ MC et $e = 2,1$ MC, ce qui traduit une augmentation de la taille ou de la composition en indium des îlots de cette famille, et ce à épaisseur de couche de mouillage constante. Les épaisseurs et les compositions en indium nominales des couches d'InGaAs de tous les échantillons de la figure II-4 étant identiques, les modifications morphologiques des îlots résultent d'une nucléation de l'InGaAs favorisée par une augmentation de la rugosité de la couche de mouillage d'InAs, qui entraine par ailleurs un début plus précoce de la phase de croissance des îlots d'InGaAs. Ces derniers sont donc plus gros ou plus riches en indium à la fin de leur croissance quand e passe de 1,67 à 2,1 MC, et ils émettent par conséquent à plus basse énergie (voir la section 1-3 du chapitre III). Ceci confirme l'influence déterminante de la rugosité de la couche de mouillage sur la nucléation de la couche d'InGaAs. Cette rugosité pourrait être vérifiée par des expériences de microscopie à force atomique par exemple.

Enfin, il apparaît sur la figure II-4 que l'intensité de luminescence de la transition fondamentale de la pop.1 est du même ordre de grandeur, et même supérieure à celle de la transition fondamentale de la pop.2 lorsque e dépasse 1,67 MC, et ce à basse température de mesure (77 K), et dans des conditions d'excitation où les niveaux fondamentaux sont saturés en porteurs de charge puisque la luminescence des transitions correspondant aux états excités est loin d'être négligeable (voir le chapitre IV). Cependant, pour $e = 2$ MC , la densité de boîtes quantiques de la pop. 2 est plus de 40 fois supérieure à celle de la pop.1. Ceci est dû à la grande efficacité de piégeage des porteurs dans les boîtes quantiques de la pop.1 qui constituent des puits de potentiels plus profonds.

Notons pour finir que l'intensité de luminescence de la transition fondamentale de la pop.1 augmente brutalement quand e passe de 1,43 à 1,67 MC, c'est à dire quand la densité de petits îlots relaxés plastiquement présents avant le dépôt du GaAs d'encapsulation augmente brutalement dans l'échantillon Or4860 (voir la figure II-8). Or nous avons montré que les boîtes quantiques cohérentes de la pop.1 étaient issues de la dé-relaxation, lors du dépôt du GaAs d'encapsulation, des petits îlots relaxés plastiquement lors du dépôt de l'InGaAs. Il est donc normal de constater une augmentation du rendement de photoluminescence des îlots de la pop.1 lorsque la densité de petits îlots relaxés plastiquement présents avant l'épitaxie du GaAs d'encapsulation augmente.

La formation de boîtes quantiques cohérentes s'accompagne de celles de gros îlots relaxés plastiquement. La présence de ces clusters disloqués dans nos échantillons n'est pas souhaitable, car elle nuit à leur qualité optique. Ils constituent en effet des pièges non-radiatifs pour les porteurs de charge, et le champ de déformation qu'ils induisent dans les couches qui les recouvrent rend impossible la réalisation d'empilements de plans de boîtes quantiques[27]. Nous allons montrer dans le paragraphe suivant comment il est possible de supprimer ces clusters lors de la remontée en température qui suit les étapes de formation des îlots.

II-2-2 Effet de la remontée en température : dissolution des gros îlots relaxés plastiquement

Dans cette section, nous nous attachons à l'étude de l'évolution de la morphologie des plans d'îlots épitaxiés à basse température (T < 500°C) lors des étapes de croissance à haute température (T = 620°C) des couches déposées après la formation des boîtes quantiques. Nous étudierons l'effet de la remontée en température sur la morphologie des plans d'îlots, en mettant en évidence l'influence cruciale de l'épaisseur de GaAs d'encapsulation. Nous montrerons ainsi dans quelles conditions il est possible de dissoudre les gros îlots relaxés plastiquement lors de la remontée en température, et nous étudierons l'effet de la dissolution de ces clusters disloqués sur la photoluminescence des structures.

II-2-2-a Mécanismes de dissolution des gros îlots relaxés plastiquement

Nous avons réalisé pour cette étude deux échantillons contenant des boîtes quantiques formées à 460°C (échantillon Or4874) et 500°C (échantillon Or4886) par dépôt de 2,1 MC d'InAs et 5,2 MC d'In$_{0,15}$Ga$_{0,85}$As. La croissance a été arrêtée pour ces deux échantillons après l'étape de remontée en température, en suivant la procédure d'arrêt de croissance décrite à la section 2-6-b du chapitre I. Avant la remontée en température, nous avons déposé environ 1,5 nm de GaAs d'encapsulation pour l'échantillon Or4874, et environ 2,2 nm pour l'échantillon Or4886.

100

Des clichés obtenus en MET des deux échantillons sont comparés sur la figure II-11.

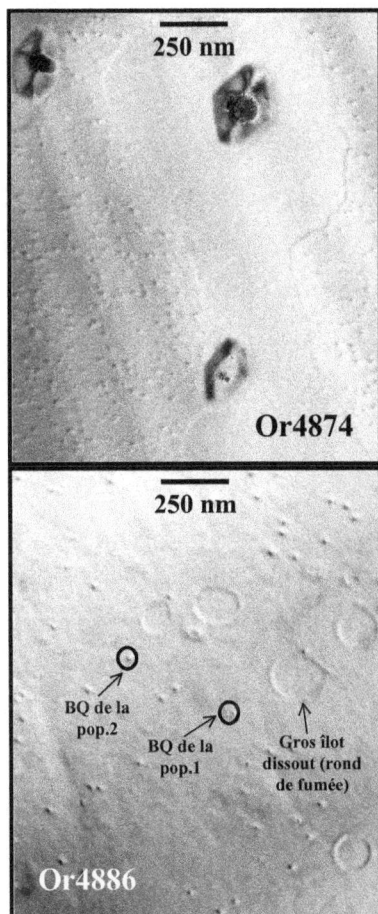

Fig.II-11 : *Images obtenues en MET (axe de zone-[001] – champ clair) des échantillons Or4874 et Or4886. Les deux images sont au même grandissement.*

L'échantillon Or4874 présente une densité de boîtes quantiques cohérentes de $1,3.10^{10}$ cm^{-2}. On peut également voir sur le cliché des motifs de contraste en forme de losange, avec en leur centre des franges de moiré. Ces structures (dont la densité vaut environ 10^9 cm^{-2}) sont entourées par des zones vides d'îlots. Enfin toutes les boîtes quantiques cohérentes de l'échantillon ont la même forme, et on ne retrouve pas les motifs de contraste correspondant aux grosses boîtes quantiques cohérentes de la pop.1 contenues dans l'échantillon Or4867 (c'est à dire avant la remontée en température, voir la section II-2-1-c).

L'échantillon Or4886 présente quant à lui une densité de boîtes quantiques cohérentes de $2,5.10^9$ cm^{-2}. Parmi elles on retrouve les boîtes quantiques de la pop.1, mais leur taille latérale moyenne a diminué par rapport à celles de l'échantillon Or4867 : elle est maintenant d'environ 25 nm. On observe également pour cet échantillon des motifs de contraste circulaires (« ronds de fumée »), dont la taille latérale moyenne est d'environ 200 nm, et dont la densité est 2.10^8 cm^{-2}. Par ailleurs, aucun gros îlot relaxé plastiquement n'est présent.

Les structures en forme de losange de l'échantillon Or4874 et les motifs circulaires de l'échantillon Or4886 résultent de deux mécanismes différents de dissolution des gros îlots relaxés plastiquement pendant la remontée en température. En effet leur taille moyenne et leur densité correspondent à celles des gros îlots relaxés plastiquement. Ce type de mécanisme de dissolution a été étudié théoriquement[28] et expérimentalement[29,30].

Les calculs thermodynamiques présentés en référence 28 montrent que la dissolution d'îlots non encapsulés est énergétiquement rentable : les auteurs montrent que l'énergie totale de la configuration b) de la figure II-12 (gros îlot dissous, et formation avec l'indium qu'il contenait d'une couche bidimensionnelle riche en indium au-dessus du plan d'îlots) est inférieure à l'énergie totale de la configuration a) de la figure II-12 (gros îlot partiellement encapsulé dans du GaAs).

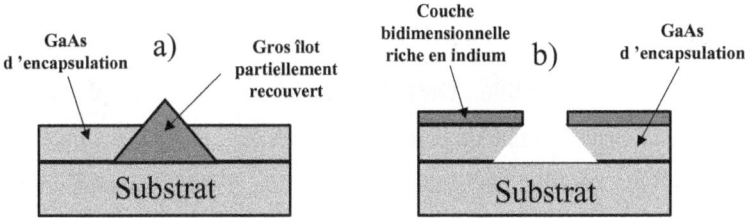

Fig.II-12 : a) : *Gros îlot partiellement recouvert par du GaAs, et b) : couche bidimensionnelle résultant de la dissolution du gros îlot*

Cette dissolution est rendue cinétiquement possible lors des étapes d'arrêt de croissance et de remontée en température : les atomes d'indium ont en effet tendance à désorber dès que la température de croissance excède 540°C[31].

La figure II-11 met en évidence que le mécanisme de dissolution des îlots non encapsulés dépend de l'épaisseur de GaAs d'encapsulation : dans le cas de l'échantillon Or4874, cette épaisseur est très faible (1,5 nm). La dissolution est alors plutôt latérale. En effet les facettes de ces îlots (plans denses (111)) ne sont pas totalement recouvertes par le GaAs. La désorption de l'indium étant plus efficace pour les plans atomiques denses[31], les gros îlots sont consommés latéralement. Notons que la couche de mouillage est également consommée latéralement, d'où la présence autour des gros îlots partiellement dissous de zones vides de boîtes quantiques. Il en résulte une diminution de la densité de boîtes quantiques cohérentes ($1,3.10^{10}$ cm^{-2} contre $2,5.10^{10}$cm^{-2} pour l'échantillon Or4867 épitaxié à la même température). Les franges de moiré au milieu des losanges sont les résidus des gros îlots relaxés plastiquement. Par ailleurs, les boîtes quantiques cohérentes de la pop.1 ont disparu de l'échantillon Or4874 : l'épaisseur de GaAs d'encapsulation n'était pas suffisante pour les préserver de la dissolution.

Dans le cas de l'échantillon Or4886, la couche de GaAs est plus épaisse (2,2 nm). La densité totale de boîtes quantiques est plus faible d'un facteur 10 environ que celle de l'échantillon Or4867, du fait de l'augmentation de la température de croissance (500°C pour l'échantillon Or4886 contre 460°C pour l'échantillon Or4867). Les gros îlots relaxés plastiquement ont également été dissous, mais la dissolution s'est faite de manière verticale, sans consommation latérale de la couche de mouillage. Les boîtes quantiques cohérentes de la pop.1 n'ont, cette fois, pas été dissoutes : elles étaient totalement encapsulées dans le GaAs. En revanche leur taille latérale moyenne a sensiblement diminué pendant la remontée en température, du fait de l'interdiffusion entre l'indium et le gallium : elle vaut environ 25 nm pour l'échantillon Or4886, alors qu'elle est d'environ 50 nm pour l'échantillon Or4867 (voir la section II-2-1-c).

Une vue transverse de l'échantillon Or4874 est présentée sur la figure II-13. Sur ce cliché, les zones riches en indium apparaissent sombres (voir la section 1-1 du chapitre III). Il apparait clairement que la couche de mouillage a été consommée sur une longueur d'environ 180 nm, dans une zone où il y avait un gros îlot relaxé plastiquement avant la remontée en température.

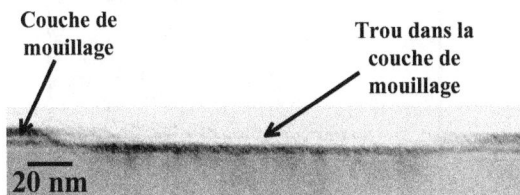

Couche de mouillage

Trou dans la couche de mouillage

20 nm

Fig.II-13 : Vue transverse obtenue en MET (002-champ sombre, voir le chapitre III) de l'échantillon Or4874. Les zones sombres sont les zones riches en indium.

L'étape de remontée en température au-dessus du plan d'îlots conduit donc à la dissolution des gros îlots relaxés plastiquement. Ce mécanisme de dissolution peut mener à la disparition des îlots de la pop.1 ainsi qu'à une « consommation » latérale de la couche de mouillage, si l'épaisseur de GaAs d'encapsulation est inférieure ou égale à 1,5 nm.

II-2-2-b Etude de structures complètes pour photoluminescence

Cette section est dédiée à l'étude de l'influence de l'épaisseur du GaAs d'encapsulation sur la morphologie et la luminescence de plans d'îlots insérés dans les structures pour photoluminescence décrites au chapitre I. Les deux échantillons présentés ici contiennent des îlots épitaxiés à 510°C. Les structures sont identiques, sauf en ce qui concerne l'épaisseur de GaAs d'encapsulation, nominalement 15 nm pour l'échantillon Or4640, et 4 nm pour l'échantillon Or4650. Les clichés obtenus en MET (vues planes) des deux échantillons sont présentés sur la figure II-14.

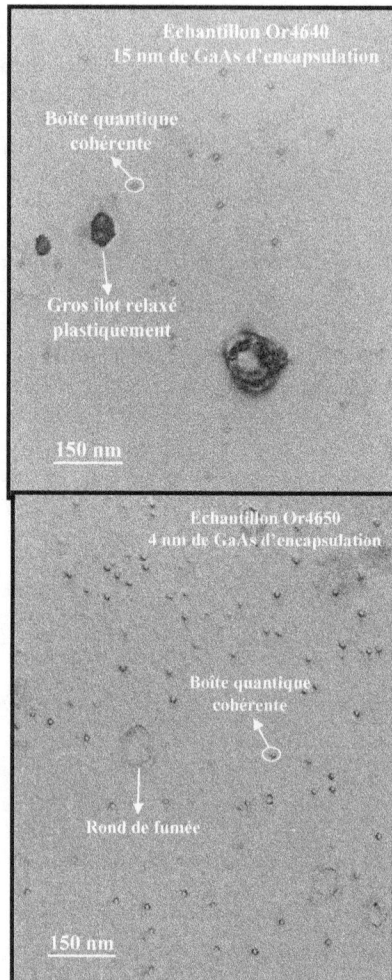

Fig.II-14 : *Vues planes obtenues par MET (axe de zone-[001] – champ clair) des échantillons Or4640 (15 nm de GaAs d'encapsulation) et Or4650 (4 nm de GaAs d'encapsulation).*

L'échantillon Or4640 contient des gros îlots relaxés plastiquement, alors que l'échantillon Or4650 n'en contient pas. Ceci confirme l'influence cruciale de l'épaisseur de GaAs d'encapsulation décrite dans la section précédente : lorsque cette épaisseur vaut 15 nm, les gros îlots relaxés plastiquement sont encapsulés, et ne sont donc pas dissous lors de la remontée en température. En revanche, lorsqu'elle vaut 4 nm, les gros îlots relaxés plastiquement sont dissous, et laissent derrière eux les ronds de fumée. On obtient ainsi à la fin de la croissance de la structure complète un plan d'îlots sans défaut étendu.

Par ailleurs, comme le montre la figure II-15, l'indium contenu dans les gros îlots relaxés plastiquement et désorbé pendant leur dissolution est incorporé dans la structure lors de la remontée en température.

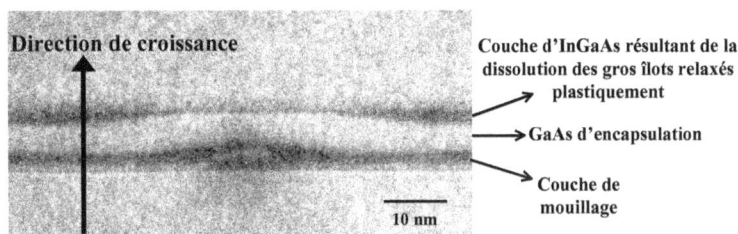

Fig.II-15 : Vue transverse obtenue en MET (002-champ sombre, voir le chapitre III) de l'échantillon Or4650 (4 nm de GaAs d'encapsulation). Les zones sombres sont les zones riches en indium. La couche d'InGaAs au dessus de l'îlot n'a pas été déposée intentionnellement, et résulte de la dissolution des gros îlots relaxés.

Le détail du contraste de l'image sera discuté au chapitre III. La couche sombre (et donc riche en indium) au dessus de l'îlot n'a pas été déposée intentionnellement : elle résulte de la dissolution des gros îlots relaxés plastiquement. Après désorption, l'indium contenu dans ces îlots diffuse dans le plan de croissance et s'incorpore avec le gallium pour former une couche bidimensionnelle d'InGaAs au dessus du plan d'îlots. La formation d'une « seconde couche de mouillage » suite à la dissolution d'îlots a été rapportée par d'autres groupes[30,32], et correspond au mécanisme illustré sur la figure II-12.

La dissolution des gros îlots relaxés plastiquement est nécessaire à la réalisation de composants optiques à base de boîtes quantiques. Tout d'abord, comme nous le verrons dans la suite, la présence de ces clusters empêche l'empilement de plusieurs plans d'îlots. En outre, leur dissolution conduit à une amélioration du rendement de photoluminescence des îlots, comme le montre les spectres de la figure II-16.

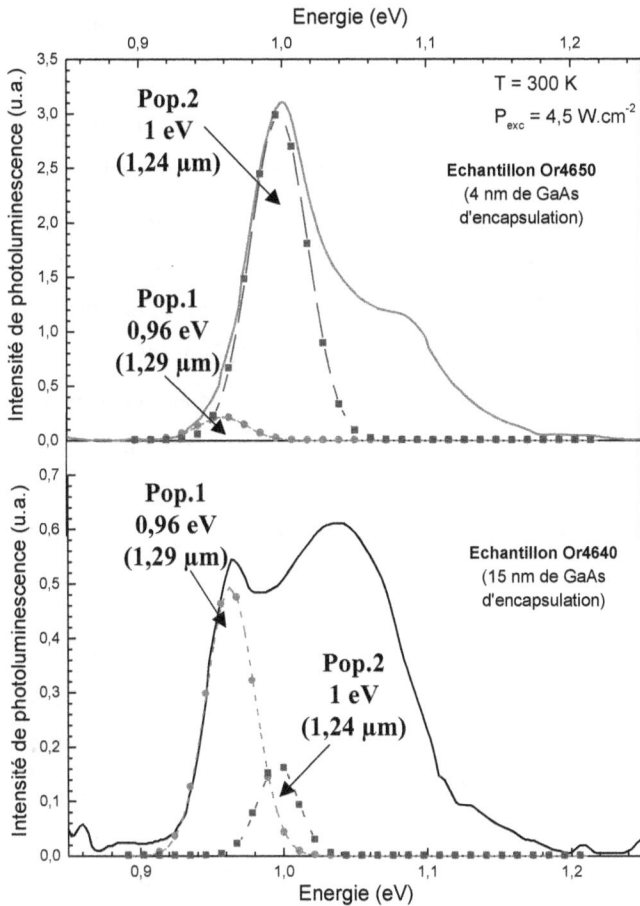

Fig.II-16 : *Spectres de photoluminescence des échantillons Or4640 (en bas) et Or4650 (en haut) à température ambiante, sous une densité de puissance d'excitation de 4,5 W.cm⁻². Les deux échantillons contiennent deux populations de boîtes quantiques (les pics correspondant aux transitions fondamentales des populations 1 et 2 sont déconvolués en gaussiennes).*

L'intensité intégrée de photoluminescence de l'échantillon Or4650 est environ 30 fois supérieure à celle de l'échantillon Or4640. Nous attribuons cette forte différence à la présence des gros îlots relaxés plastiquement qui, comme nous l'avons déjà signalé, sont des pièges non radiatifs pour les porteurs de charge.

Les deux échantillons contiennent deux populations de boîtes quantiques. L'intensité de photoluminescence de la transition fondamentale de la pop.1 est supérieure à celle de la transition fondamentale de la pop.2 pour l'échantillon Or4640 (15 nm de GaAs d'encapsulation), mais le rapport s'inverse pour l'échantillon Or4650. Il est probable qu'une partie des boîtes quantiques de la pop.1 de l'échantillon Or4650 ait été dissoute lors de la remontée en température, comme nous l'avions déjà constaté pour l'échantillon Or4874 (voir la section II-2-2). En effet, certaines des boîtes quantiques de la pop.1 sont probablement trop grosses avant la remontée en température pour que 4 nm de GaAs suffisent à les encapsuler totalement.

Notons enfin que sur les clichés obtenus en MET des deux échantillons (figure II-14), on ne distingue plus de différence nette ente les tailles latérales des deux populations de boîtes quantiques cohérentes : tous les îlots des clichés ont approximativement la même taille latérale, tout comme sur la figure II-2. Pourtant, la photoluminescence correspond sans ambiguïté à l'émission de deux populations d'îlots. Le phénomène d'interdiffusion entre l'indium et le gallium, amorcé lors de la remontée en température (échantillon Or4886), s'est poursuivi durant la croissance à haute température de la fin de la structure, menant à une réduction de la taille latérale des îlots de la pop. 1. Comme pour l'échantillon Or4649 de la section II-1-1, les échantillons Or4640 et Or4650 contiennent deux populations de boîtes quantiques qui se distinguent essentiellement par leur composition en indium, et éventuellement par leur hauteur. Notons également que ce phénomène d'interdiffusion conduit probablement à une réduction de la différence de composition entre les îlots des deux populations. Nous préciserons ce point au chapitre III.

II-2-2-c Conclusion sur la dissolution des gros îlots relaxés plastiquement

L'épaisseur de la couche de GaAs d'encapsulation influe donc de manière considérable sur la morphologie du plan d'îlots obtenu à la fin de la croissance des structures entières. Lorsque cette épaisseur est trop faible (inférieure à environ 2 nm, échantillon Or4874), l'indium non recouvert des facettes des gros îlots relaxés plastiquement désorbe efficacement, et ces îlots, ainsi que la couche de mouillage et les boîtes quantiques qui la recouvrent sont consommés latéralement.

Lorsque cette épaisseur est trop forte (supérieure à environ 10 nm, échantillon Or4640), les gros îlots relaxés plastiquement sont entièrement encapsulés, et ne sont pas dissous lors de la remontée en température. Leur présence dégrade la qualité structurale et optique des échantillons.

Lorsque cette épaisseur est bien choisie (4 nm pour l'échantillon Or4650), il est possible de dissoudre les gros îlots relaxés plastiquement sans consommation latérale de la couche de mouillage, en préservant ainsi de la dissolution les îlots cohérents optiquement actifs. Ceci permet d'améliorer considérablement les qualités optiques et structurales des échantillons, et rend possible la réalisation de multiplans de boîtes quantiques, comme nous l'expliquerons à la section 3-1 du chapitre III.

II-2-3 Conclusion sur les mécanismes de formation des îlots

L'étude de microscopie électronique en transmission et de photoluminescence présentée dans ce chapitre nous a permis de comprendre en détails les processus menant à une distribution bimodale de boîtes quantiques optiquement actives épitaxiées à basse température par EPVOM.

Nous avons montré que ces deux populations semblent se distinguer essentiellement par leur composition en indium dans les structures complètes (et ce malgré le phénomène d'interdiffusion indium-gallium, dont nous montrerons au chapitre III qu'il tend à homogénéiser les compositions des îlots des deux populations).

Les boîtes riches en indium (pop.1) sont issues de la nucléation de l'InAs sur le GaAs, et leur formation est accompagnée de celle de gros îlots relaxés plastiquement, du fait de l'efficacité de la diffusion des atomes adsorbés sur la surface de croissance caractéristique de l'EPVOM. Ces boîtes quantiques passent par un processus de « relaxation-dérelaxation », et leur taille latérale diminue lors de la croissance à haute température des couches épitaxiées au dessus du plan d'îlots du fait de l'interdiffusion entre l'indium et le gallium.

Les boîtes quantiques pauvres en indium (pop.2) résultent de la nucléation de l'InGaAs déposé sur la couche de mouillage contrainte et rugueuse des boîtes quantiques de la pop.1. Leur densité est plus élevée que celle de la pop.1, la nucléation étant favorisée par la rugosité de la couche de mouillage.

112

Enfin l'ajustement de l'épaisseur de la couche de GaAs d'encapsulation permet d'obtenir la dissolution des gros îlots relaxés plastiquement, qui s'accompagne d'une amélioration sensible des qualités optiques et structurales des plans d'îlots.

II-3 Température et vitesse de croissance

La température et la vitesse de croissance sont deux paramètres déterminants de l'épitaxie des îlots quantiques. Leur influence sur la densité, la taille, la composition et les propriétés d'émission des îlots a été largement étudiée. On trouvera dans les références 33, 34 et 35 ainsi qu'au chapitre I de ce manuscrit des résultats représentatifs de tous ceux publiés à ce sujet.

D'une manière générale, la densité des îlots diminue et leur taille augmente lorsque la température de croissance augmente ou lorsque la vitesse de croissance diminue. Ces résultats peuvent être interprétés en terme de diffusion des atomes sur la surface de croissance (dont nous avons déjà vu qu'elle était le paramètre clé de la formation de nos îlots). Lorsque la température augmente, la longueur de diffusion des atomes en surface augmente. Le taux de nucléation diminue donc (mais la nucléation a lieu plus tôt) et la taille des îlots augmente plus vite, car ils sont efficacement alimentés par les atomes adsorbés à la surface. La diminution de la vitesse de croissance induit une augmentation de la longueur de diffusion des atomes adsorbés, et a donc le même effet que l'augmentation de la température.

Quelques articles ont étudié les variations de l'épaisseur critique avec la vitesse ou la température de croissance. Les résultats de ces études sont différents : certains groupes[11,15] ne constatent aucune variation significative de l'épaisseur critique, alors que d'autres au contraire[20] constatent que le transport de matière est un paramètre déterminant de la transition 2D-3D. Dans ce dernier cas, l'épaisseur critique diminue lorsque les conditions de croissance favorisent une nucléation et une croissance rapide des îlots, c'est à dire quand la température augmente ou quand la vitesse de croissance diminue.

Nous nous attachons ici à présenter l'influence de la température et de la vitesse de croissance sur l'élargissement inhomogène et le rendement de la photoluminescence de nos plans d'îlots, sur la base des résultats de la section précédente. Nous montrerons en particulier comment il est possible d'optimiser l'intensité de photoluminescence et d'obtenir une population unique de boîtes quantiques optiquement actives émettant à 1,25 µm dans leur transition fondamentale à température ambiante.

II-3-1 Température de croissance et rendement de photoluminescence.

Les échantillons de cette étude contiennent des îlots formés par dépôt d'environ 2 MC d'InAs, 5,2 MC d'$In_{0,15}Ga_{0,85}As$ et 4 nm de GaAs d'encapsulation. Nous avons fait varier la température de croissance des îlots entre 500 et 540°C (tableau II-5).

114

Echantillon	Température de croissance des îlots (°C)
Or4649	500
Or4647	510
Or4656	520
Or4692	530
Or4690	540

Tab.II-5 : *Température de croissance des échantillons Or4649, Or4647, Or4656, Or4692 et Or4690.*

L'intensité intégrée totale de photoluminescence ainsi que la densité de boîtes quantiques cohérentes (déterminée en MET) sont portées en fonction de la température de croissance sur la figure II-17.

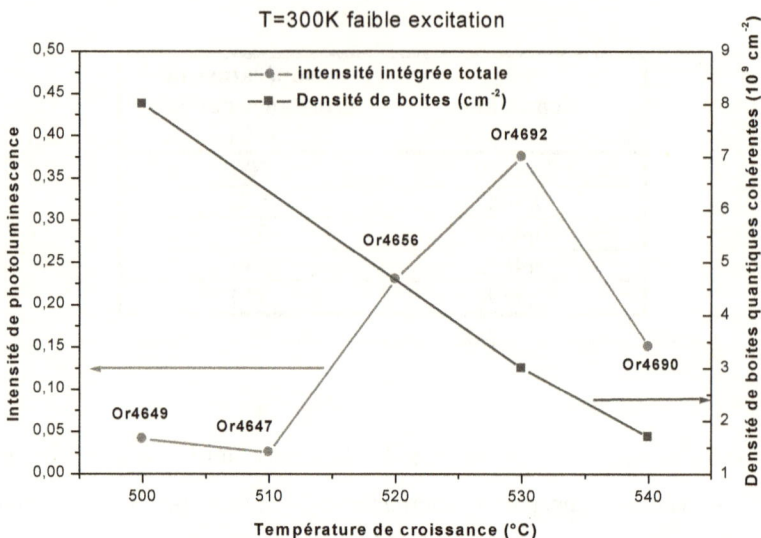

Fig.II-17 : Intensité intégrée totale de photoluminescence (cercles) et densité de boîtes quantiques cohérentes (carrés) en fonction de la température de croissance du plan de boîtes quantiques. La photoluminescence a été relevée à température ambiante et sous faible excitation (500 µW).

Comme le montre la figure II-17, la densité de boîtes quantiques diminue lorsque la température de croissance augmente. En revanche, l'intensité de photoluminescence, après avoir été constante de 500 à 510°C, augmente puis passe par un maximum à 530°C avant de diminuer à nouveau à 540°C.

Comme nous l'avons précisé en introduction de ce chapitre, la diminution de la densité d'îlots est due à l'augmentation de la longueur de diffusion des atomes adsorbés sur la surface de croissance avec la température. Entre 500°C et 540°C, la densité totale diminue de plus d'un facteur 5. L'augmentation de la longueur de diffusion de surface réduit

116

donc très nettement le taux de nucléation des îlots, même sur une plage étroite de température (ici 40°C).

Les mesures de photoluminescence présentées sur la figure II-17 ont été effectuées sous très faible excitation, de façon à éviter la saturation en porteurs de charge des niveaux des boîtes quantiques (on injecte environ 0,05 porteurs par boîte quantique). Dans ces conditions, l'intensité de photoluminescence est le reflet du rendement d'émission spontanée des îlots dans la structure, indépendamment de leur densité. Ce rendement augmente d'abord entre 500 et 530°C. Il est maximal à cette température de croissance, puis diminue entre 530 et 540°C. Nous avons par ailleurs vérifié en MET qu'aucun échantillon de cette étude ne contenait de défauts étendus. En particulier la procédure de dissolution des gros îlots relaxés plastiquement a été efficace pour chacun d'eux. Nous attribuons l'augmentation du rendement de photoluminescence entre 500 et 530°C à une réduction de la densité de défauts ponctuels. En effet, il est connu qu'en EPVOM, lorsque la température de croissance est basse, des impuretés ont tendance à s'incorporer dans les couches épitaxiées[31] (voir le chapitre I). Ces impuretés peuvent provenir du craquage des précurseurs organométalliques ou d'une autre source de pollution. La diminution du rendement de photoluminescence à 540°C est plus difficile à interpréter. La densité d'îlots étant très faible dans l'échantillon Or4690, il est possible qu'un début de saturation des niveaux des boîtes quantiques intervienne. Nous n'avons cependant pas observé de luminescence provenant de la couche de mouillage. Une autre hypothèse plus plausible est la suivante : à haute température, la diffusion efficace des atomes en surface favorise l'augmentation de la taille des îlots. La dispersion des propriétés structurales des îlots rend difficile une estimation précise de leur taille moyenne à partir des clichés obtenus en MET. Cependant il n'est pas impossible que les îlots de l'échantillon OR4690 aient grossi jusqu'à approcher la taille critique de relaxation plastique. Les zones très contraintes à leur base pourraient ainsi, alors même qu'aucun défaut étendu n'est détectable en MET, constituer des centres de recombinaisons non-radiatives pour les porteurs de charge.

II-3-2 Température de croissance et élargissement inhomogène.

Nous avons démontré et expliqué la présence d'une distribution bimodale d'îlots épitaxiés à basse température (T < 530°C) dans les paragraphes précédents. Nous allons maintenant nous intéresser à la dépendance de l'élargissement inhomogène à la température de croissance du plan d'îlots.

Lorsque les spectres de photoluminescence sont relevés à basse température (77 ou 10 K), la largeur des pics d'émission fournit une information plus précise concernant l'élargissement inhomogène d'un plan de boîtes quantiques. En effet, les recombinaisons non radiatives des porteurs de charge et leur redistribution thermique au profit des boîtes quantiques les plus « profondes » (celles émettant à plus basse énergie) sont limitées. Nous avons donc étudié la photoluminescence des échantillons décrits dans la section II-3-1 à 77K. Les résultats sont présentés sur la figure II-18, et sont accompagnés d'analyses statistiques de clichés obtenus en MET de ces échantillons identiques à celle de la figure II-3.

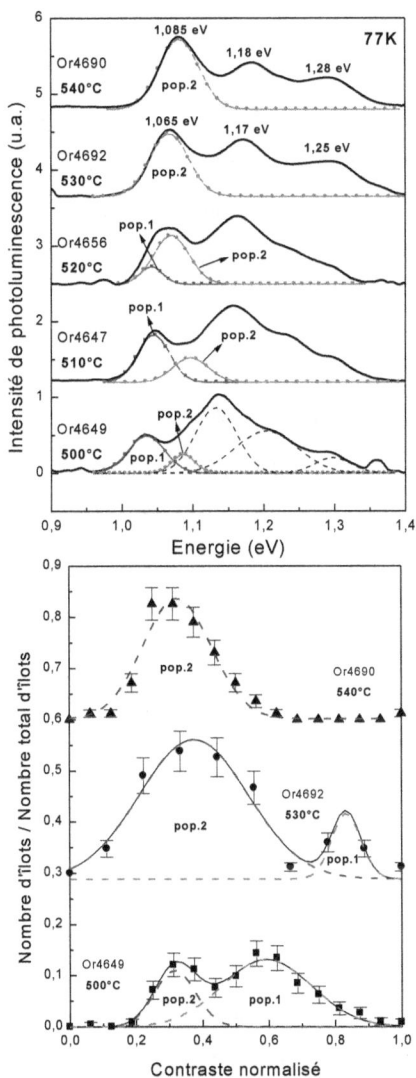

Fig.II-18 : *A gauche : spectres de photoluminescence relevés à 77K sous 10 mW de puissance d'excitation en fonction de la température de croissance du plan d'îlots, et à droite, analyses statistiques de la distribution de contraste des îlots contenus dans les échantillons Or4649 (T = 500°C), Or4692 (T = 530°C) et Or4690 (T = 540°C).*

L'élargissement inhomogène de l'échantillon Or4649 (dont les îlots sont épitaxiés à 500°C) est bimodal, comme nous l'avions constaté à la section II-1-1. Il est déconvolué en cinq gaussiennes sur la figure, et les pics d'émission des transitions fondamentales des deux populations sont respectivement centrés à 1,03 et 1,09 eV. L'analyse statistique du cliché obtenu en MET correspondant confirme la présence de deux populations d'îlots.

Le caractère bimodal de l'élargissement inhomogène de la distribution de boîtes quantiques s'estompe lorsque la température de croissance augmente. Plus précisément, l'intensité du pic d'émission attribué à la transition fondamentale de la pop.1 diminue, puis devient nulle lorsque la température de croissance est supérieure ou égale à 530°C. Les analyses statistiques des distributions de contraste sont consistantes avec les résultats de photoluminescence : la proportion d'îlots fortement contrastés (appartenant à la pop.1) diminue lorsque la température de croissance augmente. A 530°C (échantillon Or4692), la luminescence à 77K est celle d'une population unique d'îlots, dont l'émission de la transition fondamentale est centrée à 1,07 eV. Les pics centrés à 1,17 et 1,25 eV correspondent à l'émisssion de transitions excitées des boîtes quantiques. L'analyse du cliché obtenu en MET de cet échantillon révèle pourtant la présence de deux populations de boîtes quantiques : il reste quelques îlots de la pop.1 dans cet échantillon. Leur luminescence est détectable à 300 K sous forte excitation, comme le montre la figure II-19.

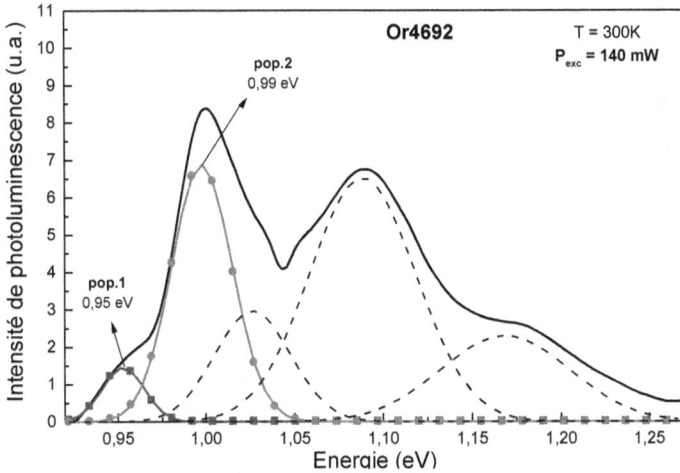

Fig.II-19 : *Spectre de photoluminescence de l'échantillon Or4692 (îlots épitaxiés à 530°C) relevé à température ambiante et sous forte puissance d'excitation (P = 140 mW). L'élargissement inhomogène est bimodal, et le spectre est déconvolué en cinq gaussiennes. A 0,95 eV (carrés) : pic d'émission de la transition fondamentale de la pop.1, et à 0,99 eV (ronds) : pic d'émission de la transition fondamentale de la pop.2.*

Ceci démontre d'une part la fiabilité des analyses de contraste des clichés obtenus en MET, et d'autre part l'efficacité de la localisation des porteurs de charge dans les îlots de la pop.1 (que nous avons déjà évoquée à la section II-2-1-d, et que nous discuterons au chapitre IV) : à 77K, les porteurs piégés dans les îlots ne sont pas ré-émis thermiquement, alors qu'à 300 K l'échappement thermique tend à favoriser la recombinaison dans les puits de potentiel les plus profonds (à savoir ici les îlots de la pop.1).

Pour les îlots épitaxiés à 540 °C (échantillon Or4690), l'élargissement inhomogène de la photoluminescence et la distribution du contraste des îlots sont monomodaux (figure II-18).

Comme déjà signalé à la section II-2-1-a, les îlots de la pop.1 (formés lors du dépôt de l'InAs sur le GaAs) présentent une faible densité lorsqu'ils sont épitaxiés à 460°C, et ce du fait de la grande longueur de diffusion des atomes adsorbés sur la surface de croissance. L'augmentation de la température de croissance des îlots conduit à une augmentation de cette longueur de diffusion, et donc à une réduction du taux de nucléation (et par suite de la densité d'îlots), ainsi qu'à une augmentation de la vitesse de croissance des îlots. A 540°C, on ne détecte plus la présence des îlots de la pop.1 : les rares d'entre eux qui se sont formés ont crût rapidement pour former des gros îlots relaxés plastiquement qui ont ensuite été dissous lors de la remontée en température, comme le montre le cliché obtenu en MET de la figure II-20.

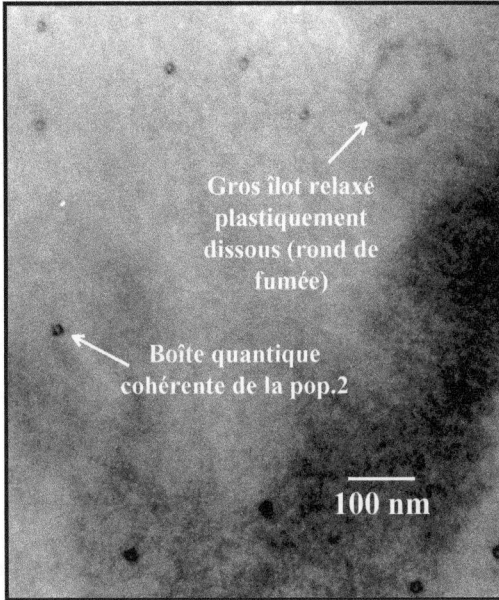

Fig.II-20 : *Cliché obtenu en MET (axe de zone-[001] – champ clair) de l'échantillon Or4690 (température de croissance des boîtes quantiques : 540°C) présentant une densité de ronds de fumée de 8.10^7 cm^{-2}, et une densité de boîtes quantiques cohérentes formées par dépôt d'InGaAs de 1,7.10^9 cm^{-2}.*

Toutes les boîtes quantiques cohérentes de l'échantillon Or4690 appartiennent donc à la pop.2. Leur densité est plus faible d'un facteur 10 que lorsqu'elles sont épitaxiées à 460°C (pour cette dernière température de croissance, on compte 2,5.10^{10} cm^{-2} boîtes quantiques de la pop.2, voir la section II-2-1-b). Ceci s'explique également par l'augmentation de la longueur de diffusion de surface des atomes avec la température de croissance.

Enfin on peut noter sur la figure II-18 un décalage vers le bleu de l'énergie de la transition fondamentale de la pop.2 pour les hautes températures de croissance : cette énergie passe de 1,065 eV lorsque T = 530°C à 1,085 eV lorsque T = 540°C.

Ce décalage vers le bleu est attribuable à la désorption de l'indium des îlots. Comme nous l'avons signalé à la section II-2-2-a, ce phénomène commence à être efficace aux alentours de 540°C. Il conduit à une diminution de la composition en indium des îlots de l'échantillon Or4690 par rapport aux échantillons Or4692, Or4656, Or4647 et Or4649, et par conséquent à une augmentation de l'énergie de leur transition fondamentale.

> *L'augmentation de la température de croissance des îlots conduit donc à d'importantes modifications de la structure du plan de boîtes quantiques : outre la forte réduction de la densité évoquée au paragraphe II-1, on constate que lorsque la température de croissance dépasse 530°C, les îlots de la pop.1 (résultant de la nucléation de la couche d'InAs) disparaissent, alors que les îlots de la pop.2 subsistent. Ceci confirme que la nucléation de ces derniers est favorisée par la rugosité de la couche de mouillage formée lors du dépôt de l'InAs.*

II-3-3 Vitesse de dépôt

Comme nous l'avons déjà signalé en introduction du paragraphe II-3, l'influence de la vitesse de dépôt[i] sur les propriétés des boîtes quantiques

---

[i] Dans cette section, nous entendons par vitesse de dépôt la vitesse à laquelle les couches sont déposées (en monocouches par seconde). Elle ne doit pas être confondue avec la vitesse de croissance des boîtes quantiques, qui désigne la vitesse à laquelle la taille des îlots augmente.

est bien connue. Nous nous contenterons donc ici de décrire l'effet de ce paramètre sur la bimodalité de nos plans d'îlots, ce qui constitue l'originalité de ce travail.

Les spectres de photoluminescence relevés à 300 K de trois échantillons contenant des îlots formés par dépôt à 530°C d'environ 2,1 MC d'InAs, 5,2 MC d'$In_{0,15}Ga_{0,85}As$ et 4 nm de GaAs d'encapsulation sont présentés sur la figure II-21. Les échantillons se distinguent par la vitesse de dépôt des couches d'InAs et d'InGaAs : elle vaut V_0 (environ 0,08 MC.s^{-1} pour l'InAs et environ 0,6 MC.s^{-1} pour l'InGaAs) pour l'échantillon Or4705, 1,5V_0 pour l'échantillon Or4761 et 3V_0 pour l'échantillon Or4762.

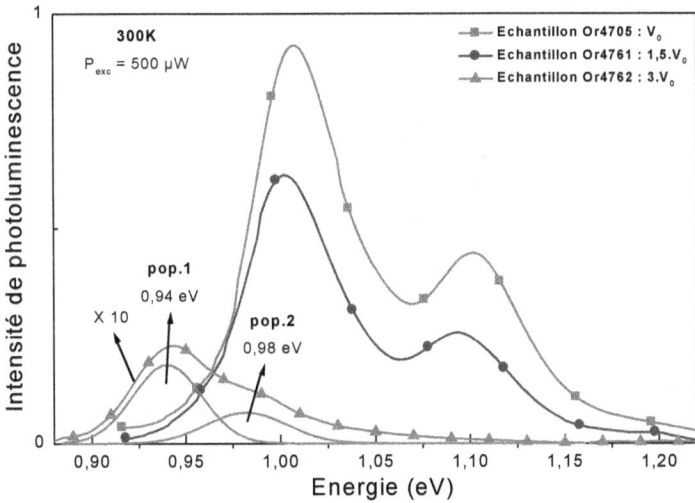

Fig.II-21 : *Spectres de photoluminescence des échantillons Or4705, Or4761 et Or4762 relevés à température ambiante sous faible puissance d'excitation (500 µW). L'échelle des ordonnées est commune aux trois spectres, et l'intensité de luminescence de l'échantillon Or4762 est multipliée par 10.*

La luminescence des échantillons Or4705 et Or4761 présente un élargissement inhomogène monomodal (pop.2 seule) et un rendement à peu près équivalent. Par contre l'échantillon Or4762 présente une distribution bimodale de boîtes quantiques, et une intensité de luminescence bien inférieure à celle des deux autres échantillons. Les pics d'émission des transitions fondamentales des deux populations sont déconvolués sur la figure II-21.

L'augmentation de la vitesse de dépôt de l'InAs favorise donc la réapparition des îlots de la pop.1. Cet effet peut à nouveau être interprété en termes de diminution de la longueur de diffusion de surface induite par l'augmentation de la vitesse de dépôt. Le taux de nucléation des îlots de la pop.1, négligeable à 530°C lorsque la vitesse de dépôt vaut V_0 ou $1,5V_0$ (section II-3-2), ne l'est plus lorsqu'elle vaut $3V_0$. Pour cette dernière vitesse de dépôt, des îlots d'InAs sont donc formés en quantité non négligeable, et leur vitesse de croissance plus faible (du fait de la diminution de la longueur de diffusion de surface des atomes induite par l'augmentation de la vitesse de dépôt de la couche d'InAs) leur évite d'évoluer quasi-instantanément vers l'état de gros îlot plastiquement relaxé (ce qui n'est pas le cas des échantillons Or4690 et Or4692 (vitesse de croissance égale à V_0) étudiés dans la section II-3-2.

Nous n'avons par contre pas su interpréter la diminution considérable du rendement de photoluminescence. Des études de MET permettraient peut-être de déceler la présence de défauts étendus dans l'échantillon Or4762. Notons pour finir que la vitesse de dépôt de l'ensemble des échantillons à îlots étudiés dans la suite de ce manuscrit a été fixée aux alentours de 0,08 $MC.s^{-1}$ pour l'InAs et de 0,6 $MC.s^{-1}$ pour l'$In_{0,15}Ga_{0,85}As$.

II-4 Conclusion

Les études originales de microscopie et de photoluminescence décrites dans ce chapitre ont permis de comprendre les mécanismes particuliers conduisant à la formation de nos îlots épitaxiés par EPVOM.

A basse température de croissance, trois populations d'îlots sont formées : deux populations de boîtes quantiques optiquement actives, correspondant respectivement à la nucléation de la couche d'InAs sur le GaAs et à la nucléation de la couche d'InGaAs sur la couche de mouillage des îlots formés par dépôt d'InAs, et une population de gros îlots relaxés plastiquement formés lors du dépôt de la couche d'InAs.

Un choix judicieux de l'épaisseur de la couche de GaAs d'encapsulation permet d'obtenir la dissolution des gros îlots relaxés plastiquement lors de la remontée en température, et ainsi d'améliorer sensiblement les qualités optiques et structurales des plans d'îlots.

L'influence de la température de croissance a également été étudiée. Il est notamment possible d'augmenter le rendement de photoluminescence des boîtes quantiques et d'éviter la formation de la pop.1 en augmentant la température de croissance.

La différence entre les compositions en indium des deux populations de boîtes quantiques, très marquée avant l'étape de remontée en température, semble s'atténuer lors de la croissance des couches au-dessus des îlots. Ce point sera précisé au chapitre III.

Enfin, le rôle déterminant de la diffusion de surface a été discuté tout au long du chapitre : il influe sur la densité et la vitesse de croissance des îlots. En particulier la grande longueur de diffusion de surface des atomes caractéristique de l'EPVOM rend plus difficile, comparativement à l'EJM, l'obtention de plans denses d'îlots quantiques. Ce dernier point sera discuté en conclusion du manuscrit.

Bibliographie du chapitre II

[1] Y.W. Mo, D.E. Savage, B.S. Swartenfruber and M.G. Lagally
Kinetic pathway in Stranski-Krastanov growth of Ge on Si(001)
Phys. Rev. Lett. **65**, 1020 (1990).

[2] F.M. Ross, J. Tersoff and R.M. Tromp
Coarsening of Self-Assembled Ge Quantum Dots on Si(001)
Phys. Rev. Lett. **80**, 984 (1998).

[3] Vinh Le Thanh, P. Boucaud, D. Débarre, Y. Zheng, D. Bouchier and J.M. Lourtioz
Nucleation and growth of self-assembled Ge/Si(001) quantum dots
Phys. Rev. B **58**, 13115 (1998-I).

[4] M. Krishnamourthy, Bi-Ke Yang, J.D. Weil and C.G. Slough
Heterogeneous nucleation of coherently strained islands during epitaxial growth of Ge on Si(110)
Appl. Phys. Lett. **70**, 49 (1997).

[5] A. Passasseo, G. Maruccio, M. De Vittorio, R. Rinaldi, R. Cingolani and M. Lomascolo
Wavelength control from 1.25 to 1.4 μm in $In_xGa_{1-x}As$ quantum dot structures grown by metal organic chemical vapor deposition
Appl. Phys. Lett. **78**, 1382 (2001).

[6] K. H. Schmidt, G. Medeiros-Ribeiro, U. Kunze, G. Abstreiter, M. Hagn and P.M. Petroff
Size distribution of coherently strained InAs quantum dots
J. Appl. Phys. **84**, 4268 (1998).

[7] G. Saint-Girons, G. Patriarche, L. Largeau, J. Coehlo, A. Mereuta, J.M. Moison, J.M. Gérard and I. Sagnes
Bimodal distribution of Indium composition in arrays of low-pressure metalorganic-vapor-phase-epitaxy grown InGaAs/GaAs quantum dots
Appl. Phys. Lett. **79**, 2157 (2001).

[8] G. Saint-Girons, G. Patriarche, A. Mereuta, I. Sagnes
Origin of the bimodal distribution of low-pressure metal-organic-vapor-phase-epitaxy grown InGaAs/GaAs quantum dots
J. Appl. Phys. **91**, (2002).

[9] G. Park, O.B. Shchekin, D.L. Huffaker, and D.G. Deppe
Lasing from InGaAs/GaAs quantum dots with extended wavelength and well-defined harmonic-oscillator energy levels
Appl. Phys. Lett. **73**, 3351, (1998).

[10] K. Mukai, N. Ohtsuka, H. Shoji and M. Sugawara

Emission from discrete levels in self-formed InGaAs/GaAs quantum dots by electric carrier injection: Influence of phonon bottleneck
Appl. Phys. Lett. **68**, 3013, (1996).

[11] J.M. Gérard, J.B. Génin, J. Lefebvre, J.M. Moison, N. Lebouché, F. Barthe
Optical investigation of the self-organized growth of InAs/GaAs quantum boxes
J. Cryst. Growth **150**, 351 (1995).

[12] J.M. Gérard
Confined electrons and phonons
éd. E. Burstein et C. Weisbuch, Plenum Press, New York (1995).

[13] *Voir par exemple :*
J.M. Moison, F. Houzay, F. Barthe, L. Leprince, E. André and O. Vatel
Self-organized growth of regular nanometer-scale InAs dots on GaAs
Appl. Phys. Lett. **64**, 196 (1996).

[14] D. Leonard, K. Pond and P.M. Petroff
Critical layer thickness for self-assembled InAs islands on GaAs
Phys . Rev. **B50**, 11687, (1994-II).

[15] D. Berti, A.V. Drigo, G. Rossetto et G. Torzo
Experimental evidence of two-dimensional – three-dimensional transition in Stranski-Krastanow coherent growth
J. Vac. Sci. Technol. **B15**, 1794, (1997).

[16] R. Leon et S. Fafard
Structural and radiative evolution in quantum dots near the $In_xGa_{1-x}As/GaAs$ Stranski-Krastanow transformation
Phys. Rev. **B58**, R1726, (1998-II).

[17] H.T. Dobbs, D.D. Vvedensky, A. Zangwill, J. Johansson, N. Carlsson et W. Seifert
Mean-Field Theory of Quantum Dot Formation
Phys. Rev. Lett. **79**, 897, (1997).

[18] Laetitia Silvestre, thèse de doctorat
Epitaxie sélective en phase vapeur aux organométalliques pour intégration monolithique de composants optoélectroniques
Université de Paris VI, (1997).

[19] T. Isu, M. Hata, Y. Morishita, Y. Nomura, Y. Katamaya
Surface diffusion length during MBE and MOMBE measured from distribution of growth rates
J. Cryst. Growth **115**, 423, (1991).

[20] N. Grandjean et J. Massies
Extension of the layer-by-layer growth regime of $In_xGa_{1-x}As$ on GaAs (001)
Semicond. Sci. Technol. **8**, 2031, (1993).

[21] Hanxuan Li, Qiandong Zhuang, Zhanguo Wang, Theda Daniels-Race
Influence of indium composition on the surface morphology of self-organized In$_x$Ga$_{1-x}$As quantum dots on GaAs substrates
J. Appl. Phys. **87**, 188, (2000).

[22] O.G. Schmidt, O. Kienzle, Y. Hao, K. Eberl, et F. Ernst
Modified Stranski–Krastanov growth in stacked layers of self-assembled islands
Appl. Phys. Lett. **74**, 1272, (1999).

[23] F. Glas
Elastic relaxation of truncated pyramidal quantum dots and quantum wires in a half space: An analytical calculation
J. Appl. Phys. **90**, 3232, (2001).

[24] C.W. Snyder, B.G. Orr, D. Kessler et L.M. Sander
Effect of strain on surface morphology in highly strained InGaAs films
Phys. Rev. Lett. **66**, 3032, (1991).

[25] R. Leon, T.J. Senden ; Yong Kim, C . Jagadish et A. Clark
Nucleation Transitions for InGaAs Islands on Vicinal (100) GaAs
Phys. Rev. Lett. **78**, 4942, (1997).

[26] K.H. Schmidt
Res. Soc. Symp. Proc. **452**, 275, (1997).

[27] R. Sellin, F. Heinrichsdorff, Ch. Ribbat, M. Grundmann, U.W. Pohl, D. Bimberg
Surface flattening during MOCVD of thin GaAs layers covering InGaAs quantum dots
J. Crystal growth 221, 581, (2000).

[28] L.G. Wang, P. Kratzer, M. Scheffer, Q.K.K. Liu
Island dissolution during capping layer growth interruption
Appl. Phys. A **73**, 161 (2001).

[29] G. Saint-Girons, G. Patriarche, L. Largeau, J. Coelho, A. Mereuta, J.M. Gérard, I. Sagnes
Metal-Organic Vapour-Phase Epitaxy of defect-free InGaAs/GaAs quantum dots emitting around 1.3 μm
Journal of Crystal Growth **235**, 89, (2002).

[30] N.N. Ledentsov, M.V. Maximov, D. Bimberg, T. Maka, C.M. Sotomayor Torres, I.V. Kochnev, I.L. Krestnikov, V.M. Lantratov, N.A. Cherkashin and Zh. I. Alferov
1.3 μm photoluminescence and gain from defect-free InGaAs-GaAs quantum dots grown by metal-organic chemical vapour deposition
Semicond. Sci. Technol. **15**, 604 (2000).

[31] Gerald B. Stringfellow
Organometallic Vapor-Phase Epitaxy : Theory and Practice
Academic Press 1989.

131

[32] E. Steimetz, T. Wehnert, H. Kirmse, F. Poser, J.-T. Zettler, W. Neumann, W. Richter
Optimizing the growth procedure for InAs quantum dot stacks by optical in situ techniques
J. Cryst. Growth **221**, 592, (2000).

[33] A. Stintz, G.T. Liu, A.L. Gray, R. Spillers, S.M. Delgado, K.J. Malloy
Characterization of InAs quantum dots in strained $In_xGa_{1-x}As$ quantum wells
J. Vac. Sci. Technol.B **18**, 1496, (2000).

[34] J. Johansson, W. Seifert
Size control of self-assembled quantum dots
J. Cryst. Growth **221**, 566, (2000).

[35] P.B. Joyce, T.J. Kryzewski, G.R. Bell, T.S. Jones, S. Malik, D. Childs, R. Murray
Effect of growth rate on the size, composition, and optical properties of InAs/GaAs quantum dots grown by molecular-beam epitaxy
Phys. Rev. B **62**, 10891, 2000-II.

Chapitre III : Etude des propriétés structurales des îlots

Un grand nombre de propriétés électroniques (structure de bande, confinement des porteurs) et optiques (énergie de transition) des boîtes quantiques est déterminé par leur taille, leur forme et leur composition en indium (ainsi que celles des couches qui les entourent). Il nous a donc paru important de caractériser, aussi précisément que possible, la taille et la composition en indium de nos boîtes quantiques insérées dans les structures caractérisées en photoluminescence et dans les structures laser. Ce chapitre relate les principaux résultats de ces caractérisations.

Les deux méthodes les plus répandues pour mesurer la taille des boîtes quantiques sont la microscopie à force atomique (AFM) et la microscopie électronique en transmission. Dans le cas de l'AFM, une détermination directe et précise de la taille de l'objet est possible, à condition que ce dernier ne soit pas recouvert. Or nous avons déjà montré au chapitre précédent, et nous montrerons encore dans ce chapitre que les propriétés structurales et par voie de conséquence les propriétés optiques des boîtes quantiques sont considérablement modifiées lors du dépôt des couches au dessus des îlots. La microscopie électronique en transmission permet quant à elle de sonder des objets enterrés. Elle fournit donc des informations plus facilement exploitables lorsque l'on souhaite caractériser des boîtes quantiques à l'intérieur de structures utilisables pour fabriquer des composants. Cependant l'analyse et l'interprétation du contraste de clichés obtenus en MET n'est pas toujours simple, et un certain nombre de précautions doivent être prises.

La taille d'une boîte quantique dépend fortement du désaccord de maille entre le matériau contraint déposé pour la former et le substrat. Ainsi

134

dans le système Ge/Si, le faible désaccord paramétrique conduit à la formation de boîtes quantiques cohérentes de grande taille (environ 150 nm de taille latérale pour 30 nm de hauteur[1]). Ceci peut se comprendre de manière simple : la taille critique de relaxation plastique d'un îlot est d'autant plus grande que le désaccord paramétrique (et donc la contrainte) est faible (voir le chapitre I).

Dans le système In(Ga)As/GaAs, les différents résultats rapportés dans la littérature sont assez convergents[2,3,4] : la taille latérale moyenne des îlots formés par dépôt d'InAs pur varie entre 15 et 25 nm, et leur hauteur moyenne est comprise entre 3 et 6 nm. Les îlots sont plus gros lorsque la composition en indium de la couche contrainte déposée diminue, lorsque la température de croissance augmente[5,6], ou lorsque la quantité d'InAs déposée pour les former augmente[7].

La mesure de la composition en indium d'un îlot est plus délicate, et les articles concernant ce point sont plus rares. En référence 8, les auteurs utilisent un puits quantique de composition connue pour calibrer le contraste STEM (Scanning Transmission Electron Microscopy) de leurs échantillons à boîtes quantiques. Ils obtiennent ainsi une composition en indium de 65% pour des îlots formés par dépôt d'InAs pur, et de 12% pour la couche de mouillage (dont l'indium a vraisemblablement été consommé pour former les îlots : voir le paragraphe II-2). En référence 9, une composition en indium de 50% pour le même type d'îlots est déduite de simulations de contraste de clichés obtenus en MET.

Ces résultats montrent sans ambiguïté que les boîtes quantiques formées par dépôt d'InAs contiennent du gallium : leur composition résulte de phénomènes d'échange de matière entre les îlots et les couches environnantes (interdiffusion entre l'indium et le gallium, ségrégation). Ce sont ces phénomènes que nous allons préciser et éclaircir dans ce chapitre.

Nous présenterons dans une première partie une estimation de la taille et de la composition en indium de boîtes quantiques identiques à celles insérées dans les composants présentés au chapitre V. En particulier, nous mettrons en évidence un important effet de ségrégation de l'indium.

Nous montrerons dans une deuxième partie comment l'interdiffusion entre l'indium et le gallium induite par la croissance à haute température des couches au dessus des boîtes quantiques modifie leur taille, leur composition en indium et par conséquent leurs propriétés de luminescence.

Enfin dans une troisième partie nous présenterons quelques résultats concernant les empilements de plans de boîtes quantiques insérés dans les structures laser du chapitre V.

III-1 Taille et composition des boîtes quantiques cohérentes

Dans ce paragraphe, nous présentons une estimation de la taille et de la composition en indium de boîtes quantiques insérées dans une structure entière pour photoluminescence. Nous décrirons tout d'abord les conditions de MET employées pour cette estimation. Nous discuterons ensuite le profil de composition d'une boîte quantique et des couches qui l'entourent, et nous mettrons en évidence le rôle prépondérant de la ségrégation (bien connu dans les cas des puits quantiques[10], mais relativement peu étudié dans le cas des boîtes quantiques[11,12]). Nous corrèlerons les propriétés structurales des boîtes quantiques à leurs propriétés de photoluminescence. Enfin nous montrerons qu'après croissance des structures entières, les deux populations d'îlots ont des propriétés structurales très proches.

III-1-1 Contraste des images réalisées en MET en champ sombre-002

L'image obtenue en MET présentée dans la section suivante (figure III-2 de la section III-1-2) a été réalisée en champ sombre sur la tâche 002. D'une manière générale, en MET, l'intensité du faisceau d'électrons diffracté est proportionnelle au carré du facteur de structure $|F_{hkl}|^2$. Pour la tâche 002, le facteur de structure F_{002} est proportionnel à la différence f_{III} - f_V entre les facteurs de diffusion atomique des éléments III et V, ce qui conduit à un contraste essentiellement chimique de l'image obtenue. Les valeurs des coefficients de diffusion atomique sont données dans le tableau suivant[13] :

f_{In}	f_{Ga}	f_{As}
6,118	3,995	4,460

Tab.III-1 : *Facteurs de diffusion atomique de l'indium, du gallium et de l'arsenic*

Il est donc possible, en utilisant la loi de Végard, de calculer l'intensité diffractée par le ternaire $In_xGa_{(1-x)}As$. Elle est donnée par la relation :

$$I \propto |F_{002}|^2$$

avec

$$F_{002}(x) = x.f_{In} + (1-x).f_{Ga} - f_{As}$$

La variation du carré du facteur de structure avec la composition en indium est tracée sur la figure III-1.

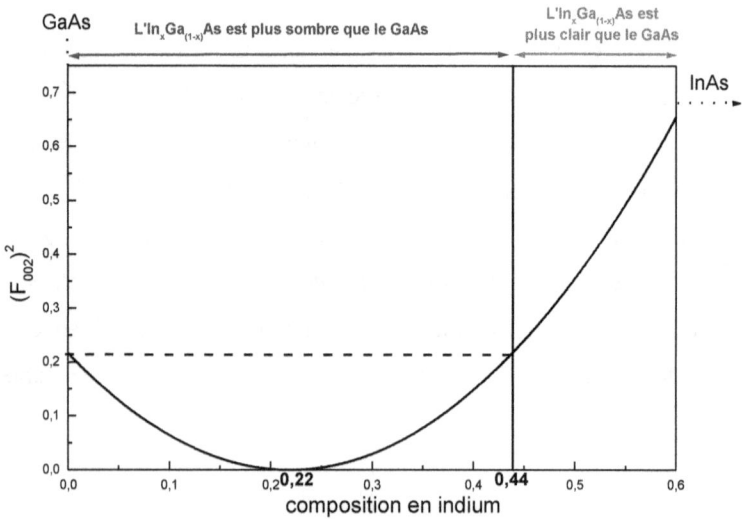

Fig.III-1 : $(F_{002})^2$ *en fonction de la composition x du ternaire In$_x$Ga$_{(1-x)}$As*

On remarque notamment sur cette figure que pour des compositions en indium inférieures à 44%, une valeur de contraste peut résulter de deux compositions différentes de ternaire, ce qui peut mener à des ambiguïtés dans l'interprétation des clichés.

En outre, un ternaire dont la composition en indium vaut 44% apparaîtra aussi clair que le GaAs sur les images. Enfin, lorsque la composition en indium dépasse 44%, les ternaires apparaissent plus clairs sur les clichés que le GaAs.

Les images obtenues en MET formées sur la tache de diffraction 002 permettent donc d'estimer la composition en indium d'un ternaire InGaAs, et donc celle de nos boîtes quantiques par exemple.

Cette méthode présente cependant un certain nombre de limitations. Tout d'abord les valeurs des facteurs de diffusion utilisées pour le calcul du facteur de structure sont approchées : elles sont valables pour les atomes isolés, mais ne tiennent pas compte des liaisons covalentes que cet atome partage avec ses premiers voisins, qui modifient son nuage électronique et par conséquent son facteur de diffusion. En outre le contraste d'une image dépend de l'épaisseur de la lame mince étudiée. Cette dépendance est particulièrement critique dans le cas d'un objet tridimensionnel comme une boîte quantique : l'intensité mesurée en MET résulte de la diffraction du faisceau électronique par la boîte, mais aussi par le GaAs qui l'entoure, ce qui introduit une erreur dans la mesure de la composition en indium.

Toutefois des estimations relativement fiables de la composition peuvent être effectuées, en exploitant les points particuliers de la courbe de la figure III-1 (variation nulle du contraste aux environs de $x = 22\%$, et contraste du ternaire égal à celui du GaAs pour $x \approx 44\%$).

III-1-2 Etude de la section transverse d'un îlot

La vue transverse (002-champ sombre) d'un îlot contenu dans une structure complète pour photoluminescence (échantillon Or4650) est présentée sur la figure III-2. Le plan de boîtes quantiques dont il provient a été épitaxié à 510°C par dépôt d'environ 2,1 MC d'InAs, 5,2 MC d'In$_{0,15}$Ga$_{0,85}$As et 4 nm de GaAs d'encapsulation. Des coupes ont été réalisées dans le cliché à l'aide d'un logiciel d'analyse d'images, afin de pouvoir étudier l'évolution du contraste à l'extérieur de l'îlot (coupe 1) et à l'intérieur de l'îlot (coupe 2). Les variations du contraste en fonction de la position sont données sur les graphes de la figure III-2 pour les deux coupes.

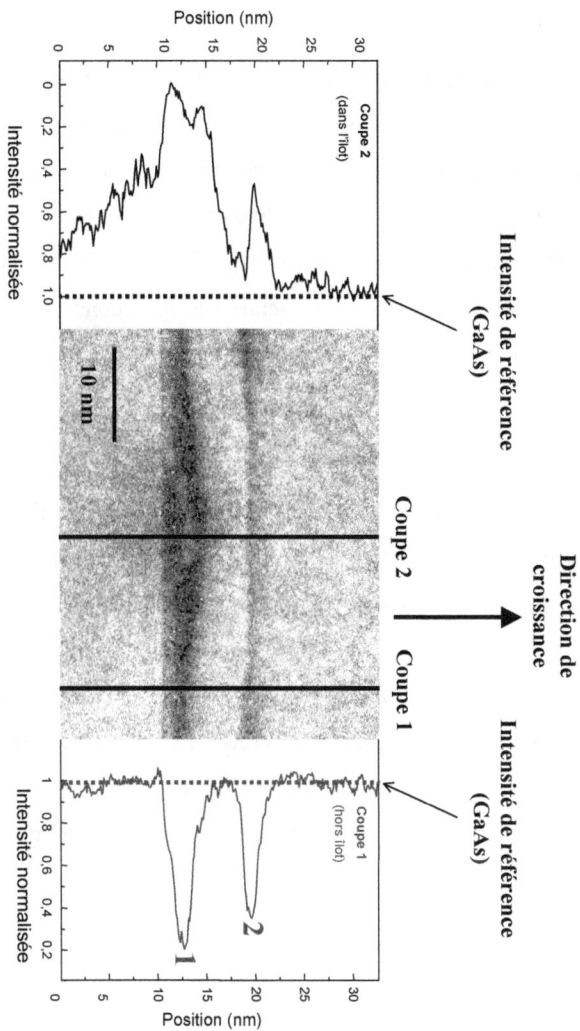

Fig.III-2 : *Vue transverse de l'échantillon Or4650 obtenue en MET ((002) - champ sombre) d'une boîte quantique et des couches environnantes. Sur les graphes : intensité normalisée en fonction de la position au niveau des deux coupes indiquées sur le cliché.*

Intéressons nous tout d'abord aux variations de l'intensité hors de l'îlot (coupe 1). On distingue deux pics sur la courbe de la figure III-2 correspondant à deux couches. La couche n°2 est la couche d'InGaAs non intentionnellement déposée résultant de la dissolution des gros îlots relaxés plastiquement (section 2-2 du chapitre II). Son épaisseur est d'environ 2 nm, et sa composition en indium est inférieure à 22% (dans le cas contraire, la variation de l'intensité ne serait pas monotone de part et d'autre du maximum, voir la figure III-1).

La couche n°1 est la couche de mouillage des îlots. Son épaisseur (estimée en mesurant la largeur à la base du pic 1) est d'environ 5 nm, c'est à dire plus du double de l'épaisseur totale d'InAs et d'In$_{0,15}$Ga$_{0,85}$As déposée nominalement (environ 2 nm). Ceci suggère que de l'indium a été incorporé dans le GaAs d'encapsulation lors de sa croissance suite à un phénomène de ségrégation. En effet même si la ségrégation de l'indium est limitée à basse température de croissance, elle reste efficace notamment aux faibles vitesses de croissance[14]. En outre la variation de l'intensité dans cette couche n'est pas monotone, comme le montre la figure III-3.

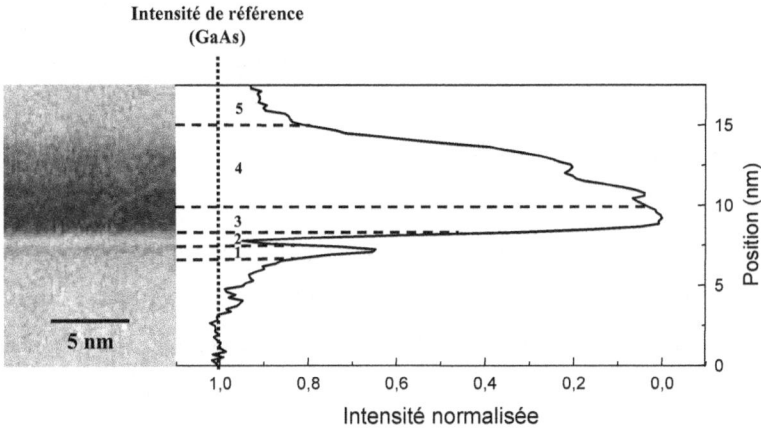

Fig.III-3 : *Détail de la couche de mouillage de l'échantillon Or4650 (cliché obtenu en MET, champ sombre-002). A droite, variation de l'intensité du cliché en fonction de la position.*

Sur cette figure, nous avons tracé la variation de l'intensité d'un cliché obtenu en MET de la couche de mouillage de l'échantillon Or4650 pris à fort grossissement, et numérisé à haute résolution. Cinq « couches » apparaissent clairement. La couche n°1 est plus sombre que le GaAs. Elle mesure environ 0,7 nm. La couche n°2 mesure environ 0,7 nm également, et son intensité est quasiment égale à celle du GaAs. La couche n°3 mesure quant à elle environ 1,5 nm et apparaît plus sombre que le GaAs.

Nous interprétons ce cliché de la manière suivante : la couche n°2 est la couche de mouillage des îlots formés par dépôt d'InAs : elle contient environ 44% d'indium, car son intensité est approximativement égale à celle du GaAs.

La couche n°1 est une couche d'InGaAs formée par diffusion de l'indium hors de la couche n°2. Cette diffusion est thermiquement activée lors de la croissance à haute température des couches au dessus du plan d'îlots. L'épaisseur de cette couche (quelques monocouches) correspond à la portée du phénomène de diffusion dans le matériau massif à la température de croissance des îlots (510°C).

La couche n°3 quant à elle est formée lors du dépôt d'In$_{0,15}$Ga$_{0,85}$As. Il s'agit de la couche de mouillage de la pop.2, et sa composition est inférieure à 22% comme l'indique l'intensité du cliché. Remarquons par ailleurs que les épaisseurs des couches n°2 (0,7 nm) et 3 (1,5 nm) sont du même ordre que les épaisseurs déposées nominalement lors de la croissance (2,1 MC soit xx nm pour l'InAs, et 5,2 MC soit xx nm pour l'InGaAs).

L'intensité de la « couche » n°4 décroît progressivement dans la direction de croissance sur environ 4 nm : cette couche résulte de la ségrégation de l'indium lors de la croissance du GaAs d'encapsulation.

Enfin la couche n°5 est la couche de GaAs d'encapsulation.

Revenons maintenant à la boîte quantique de la figure III-2. Sa taille latérale est d'environ 20 nm, et sa hauteur de 6 nm. Ces valeurs sont de l'ordre de celles rapportées dans la littérature (voir l'introduction du chapitre). Le halo sombre qui entoure la boîte quantique est un contraste résiduel résultant du champ de contrainte de l'îlot. De plus la variation du contraste n'est pas monotone à l'intérieur de la boîte quantique (coupe 2 de la figure III-2). La composition en indium du cœur de l'îlot dépasse donc 22% (voir la figure III-1). La variation du facteur de structure avec la composition étant très faible pour des compositions en indium comprises entre 22 et 44%, il n'est pas facile de conclure quant à la composition exacte du cœur de l'îlot. Dans le cas présent, l'intensité au cœur de l'îlot est plus faible que celle du GaAs. Sa composition est selon toute vraisemblance inférieure à 44%, et probablement plus proche de 22% que de 44%.

En dessous de l'îlot, la ligne claire que nous avions attribuée à la couche de mouillage de la pop.1 disparaît : l'indium contenu dans cette couche a diffusé vers le cœur de l'îlot lors de sa formation. Ce phénomène est bien connu et a déjà été mis en évidence par d'autres groupes[15].

Notons enfin que la couche d'InGaAs résultant de la dissolution des gros îlots relaxés plastiquement est moins sombre (et donc moins riche en indium) au dessus de l'îlot qu'au dessus de la couche de mouillage. Le champ de déformation du à la présence de l'îlot semble défavoriser l'incorporation de l'indium à sa verticale.

L'îlot de la figure III-2 présente donc une taille latérale d'environ 20 nm, et une hauteur d'environ 6 nm. L'analyse détaillée du contraste du cliché obtenu en MET pris en champ sombre sur la tâche 002 nous a permis de préciser la composition de cet îlot : il contient en moyenne entre 22 et 44 % d'indium. De plus il repose sur une couche bidimensionnelle composite, résultant de la superposition des couches de mouillage de la pop.1 et de la pop.2, et d'un phénomène marqué de ségrégation de l'indium. L'épaisseur totale de cette couche composite est d'environ 5 nm, ce qui est très voisin de la hauteur de l'îlot (6 nm).

Comme nous l'avons déjà précisé, l'incertitude de ces mesures est assez grande : tout d'abord, l'intensité du cliché varie assez peu avec la composition en indium de l'îlot (figure III-1) dans la gamme de compositions qui nous intéresse (entre 22 et 44% d'indium). De plus, l'intensité du cliché caractérise la composition moyenne de l'objet, et dépend par conséquent de l'épaisseur de la lame mince étudiée. Même si cette épaisseur est de l'ordre de la taille latérale de l'îlot, le GaAs qui entoure ce dernier modifie inévitablement le contraste du cliché. Dans les deux sections qui suivent, nous allons commenter plus avant ces résultats en considérant les propriétés optiques des îlots.

III-1-3 Relation entre énergie de photoluminescence et composition en indium des boîtes quantiques

L'énergie de photoluminescence des boîtes quantiques dépend de leurs propriétés structurales. En particulier leur hauteur, leur taille latérale et leur composition sont des paramètres déterminants de l'énergie des transitions des îlots. Nous avons voulu vérifier que les propriétés structurales de nos îlots, déduites de l'étude présentée dans la section précédente, pouvait conduire à l'émission autour de 1,3 µm observée en photoluminescence. C'est l'objet de cette section.

Le confinement tridimensionnel des porteurs à l'intérieur des boîtes quantiques modifie leurs propriétés d'émission spontanée par rapport aux cas du matériau massif et du puits quantique. En particulier, le confinement latéral (dans le plan de croissance) des porteurs conduit à une augmentation de leur énergie de confinement, et par conséquent à une augmentation de l'énergie des transitions interbandes. Cependant, nous préciserons un peu plus loin que l'effet du confinement latéral des porteurs sur les énergies des transitions interbandes est assez faible. Néanmoins une boîte quantique de

146

hauteur h et de composition donnée ne peut pas émettre à plus basse énergie qu'un puits quantique d'épaisseur h et de même composition. L'énergie d'émission d'un puits quantique d'épaisseur et de composition données est donc une borne inférieure pour l'énergie d'émission d'une boîte quantique de même composition et de hauteur égale à l'épaisseur du puits. L'énergie d'émission de la boîte quantique augmente d'autant plus par rapport à celle du puits que sa taille latérale est faible.

Il est donc à priori surprenant qu'une boîte quantique de 6 nm de hauteur, de 20 nm de taille latérale et de composition en indium comprise entre 22 et 44 % puisse émettre autour de 1,3 μm. En effet, le calcul des énergies des transitions fondamentales de puits quantiques d'In$_x$Ga$_{1-x}$As contraints sur GaAs en fonction de leur épaisseur et de leur composition x en indium, effectué à l'aide du logiciel Strainsl[i] développé au CNET de Bagneux par Jean-Michel Gérard et Jean-Yves Marzin[16] donne les résultats portés sur la figure III-4.

---

[i] Calcul de fonctions enveloppes à 3 bandes pour les états de particules légères, et 1 bande pour les trous lourds en prenant en compte le splitting trous lourds/trous légers en k=0.

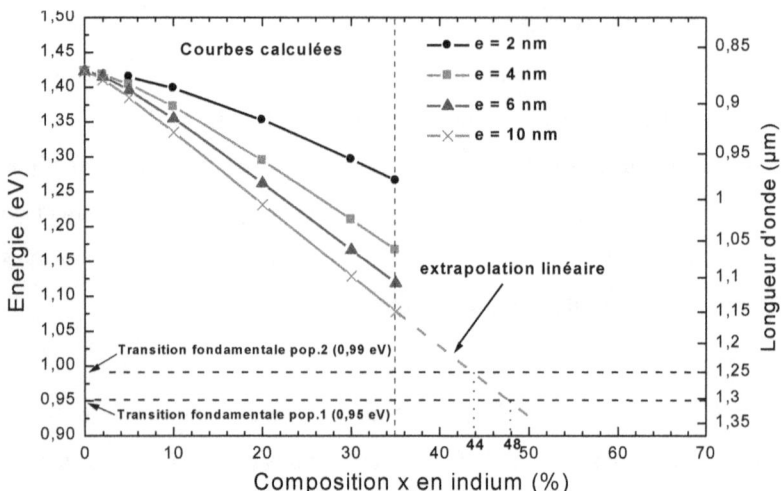

Fig.III-4 : *Energies des transitions fondamentales de puits quantiques d'épaisseur e en fonction de leur composition x en indium. La courbe correspondant à e = 10 nm est extrapolée linéairement au delà de 35 %.*

Les énergies des transitions ont été calculées pour les compositions en indium inférieures à 35%, dans un domaine où les puits quantiques ne sont pas relaxés plastiquement. L'énergie de la transition fondamentale diminue lorsque la composition en indium du puits quantique augmente, du fait de la diminution de l'énergie de bande interdite de l'InGaAs. De plus, à composition constante, l'énergie de la transition fondamentale diminue quand l'épaisseur du puits quantique augmente, du fait de la diminution de l'énergie de confinement des porteurs.

Considérons la courbe correspondant au puits quantique de 10 nm d'épaisseur (cette épaisseur est légèrement supérieure à la largeur à mi-hauteur du pic correspondant à la coupe 2 de la figure III-2, mais correspond à l'extension de la zone où de l'indium est incorporé autour de l'îlot). L'extrapolation linéaire de cette courbe sur la figure III-4 montre que pour qu'un tel puits quantique puisse émettre dans la gamme des énergies des transitions fondamentales des deux populations de boîtes quantiques (0,95 eV pour la pop.1 et 0,99 eV pour la pop.2), il doit contenir entre 44 et 48 % d'indium[i].

D'après l'étude de la section transverse de la figure III-2 (section III-1-2), la composition en indium de nos boîtes quantiques ne peut pas être supérieure à 44 %. Elle semble même plus proche de 22 % que de 44 %. Deux explications sont envisageables pour interpréter le désaccord apparent entre les calculs de la figure III-4 et l'analyse de la figure III-2.

Tout d'abord, la présence de la « couche de mouillage composite » épaisse (figures III-2 et III-3) peut conduire à une modification du confinement des porteurs dans les îlots. En effet l'épaisseur de cette couche composite est proche de la hauteur des îlots. Elle peut donc provoquer une augmentation non négligeable du volume de confinement latéral des porteurs, et par conséquent une réduction de leur énergie de confinement qui pourrait se traduire par une diminution des énergies des transitions interbandes. Cependant l'énergie de transition interbande d'une boîte quantique dépend essentiellement de sa hauteur et de sa composition, et relativement peu du confinement latéral des porteurs[17,18]. Il est donc peu probable que la présence de cette « couche de mouillage composite » épaisse soit la cause de la faible énergie d'émission des boîtes quantiques.

Il est plus probable que la faible énergie de la transition fondamentale de nos boîtes quantiques résulte d'une inhomogénéité de composition à l'intérieur des îlots. En effet, les calculs présentés sur la figure III-4, qui

---

[i] Epitaxier de tels puits quantiques est impossible : l'épaisseur critique de relaxation d'une couche d'$In_{0,44}Ga_{0,46}As$ est inférieure à 5 nm.

donnent une estimation de l'énergie de la transition fondamentale de puits quantiques, ne sont pas applicables au cas des boîtes quantiques. Comme nous l'avons signalé, le calcul des énergies des transitions interbandes des boîtes quantiques nécessite de prendre en compte la géométrie tridimensionnelle des îlots, et en particulier le confinement latéral et les inhomogénéités de composition.

En outre, la présence d'une zone très riche en indium au cœur des îlots est possible. En effet, comme nous l'avons déjà signalé, la composition déduite de la figure III-2 est une composition moyenne, qui résulte de la diffraction du faisceau électronique par l'îlot lui-même et par son environnement, sur toute l'épaisseur de la lame mince. En particulier la couche sombre sur laquelle repose l'îlot est épaisse. Sa présence peut conduire à une réduction de l'intensité diffractée moyenne dans l'îlot et peut par conséquent masquer une éventuelle zone riche en indium à l'intérieur de la boîte quantique. Un calcul tridimensionnel de la structure de bandes des boîtes quantiques est donc mieux adapté.

En collaboration avec S. Sauvage de l'IEF, nous avons pu confirmer l'hypothèse que la présence d'un cœur riche en indium dans un îlot dont la composition moyenne en indium est comprise entre 22 et 44% pouvait expliquer l'origine de la photoluminescence observée autour de 1,3 μm. En effet, S. Sauvage a développé un modèle de calcul k.p 8 bandes tridimensionnel de la structure de bandes d'une boîte quantique présentant une géométrie de lentille aplatie. Dans ce modèle, une boîte quantique d'InAs pur de 4 nm de hauteur et de 10 nm de taille latérale en forme de lentille aplatie, dans tout le volume de laquelle la contrainte est uniformément égale à celle de l'InAs pseudomorphique sur GaAs présente une énergie de transition fondamentale de 0,934 eV (soit 1,327 μm).

Considérons le cas limite d'une boîte quantique dont les dimensions sont égales à celles de nos boîtes quantiques (taille latérale de 20 nm et hauteur de 6 nm : voir la figure III-2), constituée d'un cœur d'InAs pur en forme de lentille de 10 nm de taille latérale et de 4 nm de hauteur et d'un dôme de GaAs pur (« de composition en indium nulle » : figure III-5-a)), et ayant par conséquent une composition moyenne volumique en indium de 20 %. Cette boîte quantique présentera une énergie de transition fondamentale égale à l'énergie de la transition fondamentale du cœur en InAs pur, à savoir 0,934 eV (1,327 μm).

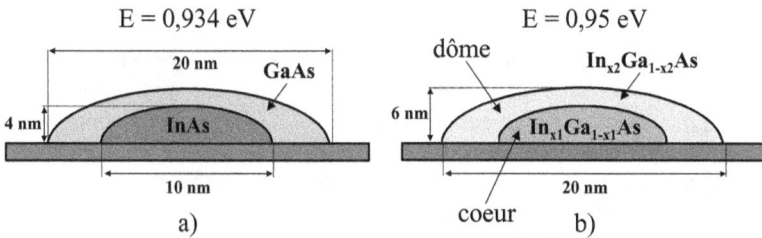

Fig.III-5 : a) : boîte quantique de 6nm de hauteur, de 20 nm de taille latérale et de composition moyenne en indium de 20% émettant à 0,934 eV (calcul k.p 8 bandes) formée d'un cœur en InAs pur de 4 nm de hauteur et de 10 nm de taille latérale et d'un dôme en GaAs pur. b) : boîte quantique émettant à 0,95 eV avec un cœur riche en indium (x1 > x2), une hauteur de 6 nm, et une taille latérale de 20 nm. x1 et x2 sont tels que la composition moyenne de l'îlot soit égale à la composition moyenne expérimentale déduite de la figure III-2.

Il existe donc une boîte quantique à cœur riche en indium comme celle schématisée sur la figure III-5-b) (taille latérale de 20 nm, hauteur de 6 nm) dont la transition fondamentale émet à la même énergie que la transition fondamentale des boîtes quantiques présentes dans nos échantillons (entre 0,95 et 1 eV), et dont la composition volumique moyenne en indium est comprise entre 22 et 44%, tout comme la boîte quantique de la figure III-2. En effet, remplacer le « dôme » en GaAs au-dessus de la boîte quantique en

InAs pur de la figure III-5-a) (qui émet à 0,934 eV d'après le calcul k.p 8 bandes) par un dôme en InGaAs comme sur la figure III-5-b) ne peut que provoquer un réduction du confinement des porteurs piégés dans l'îlot et par conséquent ne peut qu'induire une réduction de l'énergie de la transition fondamentale. Par conséquent il existe x1 et x2 (x2 < x1) tels qu'une boîte quantique composée d'un cœur de composition x1 en indium et d'un dôme de composition x2, de taille latérale, de hauteur et de composition moyenne en indium égales à celles de la boîte quantique de la figure III-2 (c'est à dire comprise entre 22 et 44 %) émette dans sa transition fondamentale entre 0,95 et 1 eV.

> *Les résultats des analyses structurales, permettant d'estimer que la composition en indium de nos boîtes quantiques est comprise entre 22% et 44%, sont donc consistants avec les expériences de photoluminescence : un îlot avec un cœur riche en indium et une composition moyenne volumique en indium de l'ordre de 20% peut émettre à 1,3 µm dans sa transition fondamentale, à la validité du calcul kp 8 bandes tridimensionnel près. Notons que ce résultat pourrait être affiné en tenant compte des gradients de composition entre le cœur de nos îlots, riche en indium, et la périphérie plus pauvre en indium, et en effectuant un calcul prenant en compte la distribution de la contrainte à l'intérieur de l'îlot.*

III-1-4 Différences structurales entre les îlots des deux populations

Nous avons étudié en MET des clichés en champ sombre d'autres sections transverses de l'échantillon Or4650 formés sur la tâche 002, dans l'espoir de pouvoir distinguer les deux populations d'îlots, mais nous n'avons pas réussi.

Cependant il est possible de distinguer les deux populations sur des vues planes réalisées en axe de zone-[001] (chapitre II). En effet dans ces conditions d'imagerie, le contraste résulte essentiellement des différences de champ de contrainte. Or le champ de contrainte varie comme le carré du désaccord paramétrique entre les matériaux diffractant. En champ sombre-002, le contraste est essentiellement sensible au différences de composition entre les matériaux diffractant. Or le désaccord paramétrique varie linéairement avec la composition en indium du matériau, en accord avec la loi de Végard (section III-1-1). Les différences de composition et éventuellement de taille entre les îlots des deux populations conduisent donc à des différences de contrainte mesurables en condition axe de zone-[001], mais non repérables en champ sombre-002.

Les expériences de photoluminescence présentées au chapitre II montrent que la différence entre les énergies des transitions fondamentales des deux populations est comprise entre 30 et 40 meV. Cette écart spectral peut être le résultat d'une différence de composition et/ou de hauteur entre les boîtes quantiques des deux populations.

En effet des calculs de la structure électronique de boîtes quantiques de formes équivalentes aux nôtres[17,18] ont montré que l'énergie de transition d'une boîtes quantique est assez peu sensible aux variations de sa taille latérale. De plus, aucune différence importante entre les tailles latérales moyennes des deux populations d'îlots n'a pu être détectée sur les clichés obtenus en MET présentés au chapitre II.

Par contre ces calculs ont mis en évidence une extrême sensibilité de la longueur d'onde d'émission de la transition fondamentale de ces structures à leur hauteur. Ainsi, pour un îlot d'InAs pur, une variation de 10% sur la hauteur conduit à un décalage de l'énergie d'émission d'environ 40 meV. Si l'on applique ce résultat à nos îlots d'environ 6 nm de hauteur, on constate qu'à composition égale, 0,45 nm (à peine plus d'une monocouche) de différence de hauteur suffisent pour obtenir les 40 meV de différence dans les énergies d'émission des transitions fondamentales des deux populations. Une si faible variation de la hauteur n'est pas détectable en MET (sauf éventuellement en mode haute résolution).

Par ailleurs, si l'on néglige l'influence du confinement latéral sur la variation de l'énergie de transition des boîtes quantiques en fonction de leur composition en indium, la figure III-4 indique qu'à hauteur égale, il suffit d'une différence de 4% de composition moyenne volumique des îlots pour obtenir la différence d'énergie de transition entre les deux populations mesurée en photoluminescence.

La différence d'énergie d'émission entre les deux populations de boîtes quantiques est donc le résultat de différences structurales très faibles. Les différences de propriétés structurales entre les deux populations d'îlots, très marquées avant la remontée en température (les îlots de la pop.1, formés par dépôt d'InAs, présentent une taille latérale moyenne comprise entre 40 et 50 nm et une composition en indium de l'ordre de 80%, alors que les îlots de la pop.2, formés par dépôt d'$In_{0,15}Ga_{0,85}As$, présentent une taille latérale moyenne d'environ 10 nm et une composition en indium inférieure à celle des îlots de la pop.1, voir la figure II-10 du chapitre II), ont donc tendance à s'estomper lors de la remontée en température et de la croissance à haute température des couches au-dessus des îlots. Nous commenterons dans la section suivante les mécanismes à l'origine de l'homogénéisation des propriétés structurales des îlots des deux populations.

III-1-5 Conclusion

L'étude présentée dans ce paragraphe a permis d'évaluer les dimensions des îlots insérés dans des structures entières, et d'estimer leur composition moyenne. La taille latérale des boîtes quantiques est d'environ 20 nm, et leur hauteur est d'environ 6 nm. Leur composition moyenne, aux imprécisions liées à la méthode de mesure près, est comprise entre 22 et 44 % (elle est vraisemblablement plus proche de 22% que de 44%). De plus le cœur des îlots est probablement plus riche en indium que les bords, ce qui permet d'obtenir l'émission à basse énergie (0,95 et 1 eV pour les transitions fondamentales des populations 1 et 2 respectivement) mesurée en photoluminescence. Aucune différence de hauteur ou de composition entre les deux populations n'a pu être détectée en MET sur la tâche 002.

Cette étude montre également qu'après la remontée en température et la croissance à haute température de couches au-dessus des boîtes quantiques, les propriétés structurales des îlots des deux populations sont très proches : leurs compositions moyennes ne diffèrent pas de plus de 4%, et leurs hauteurs sont quasiment égales.

Ceci est le résultat de l'interdiffusion entre l'indium et le gallium, thermiquement activée lors de la remontée en température et de la croissance à haute température des couches au-dessus des îlots (voir la section II-2-2). Rappelons que les boîtes quantiques de la pop.1 sont issues de la relaxation élastique d'une couche d'InAs pure, alors que celles de la pop.2 sont issues de la relaxation élastique d'une couche d'In$_{0,15}$Ga$_{0,85}$As (chapitre II). Avant encapsulation, et malgré les phénomènes d'interdiffusion résultant de la forte contrainte accumulée dans les îlots (voir le chapitre I), on peut donc supposer que les compositions en indium des îlots des deux populations sont sensiblement différentes. Cependant lors de la remontée en température et de la croissance à haute température des couches au dessus du plan de boîtes quantiques, l'indium et le gallium sont susceptibles d'interdiffuser dans et aux environs des boîtes quantiques, ce qui conduit à une modification de leur composition. Ainsi les îlots de la pop.2, initialement pauvres en indium, peuvent consommer l'indium contenu dans la couche de mouillage (c'est d'ailleurs le cas pour la boîte quantique de la figure III-2, au-dessous de laquelle la ligne blanche correspondant à la couche de mouillage riche en indium est invisible). Au contraire, les îlots de la pop.1, initialement riches en indium, voient leur concentration diminuer au profit des couches de GaAs environnantes. Ces deux processus sont illustrés sur la figure III-6.

156

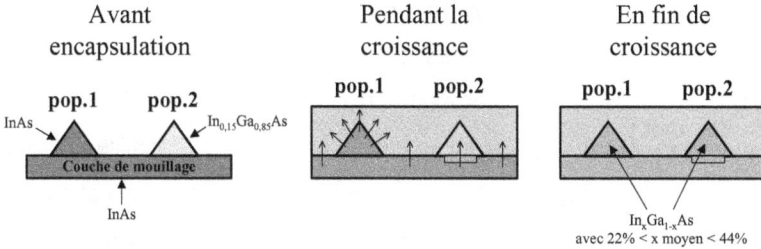

Fig.III-6 : *Illustration schématique des phénomènes d'interdiffusion entre l'indium et le gallium menant à l'homogénéisation des compositions des deux populations de boîtes quantiques. Les flèches symbolisent les mouvements des atomes d'indium.*

Ainsi l'interdiffusion entre l'indium et le gallium conduit à une homogénéisation des compositions en indium des deux populations de boîtes quantiques. Nous montrerons dans le paragraphe suivant qu'un recuit prolongé à température suffisamment élevée peut conduire à l'obtention d'un élargissement inhomogène monomodal d'une distribution de boîtes quantiques initialement bimodale.

III-2 Interdiffusion entre l'indium et le gallium

Comme nous l'avons vu au chapitre I, la croissance de boîtes quantiques présentant une forte densité pour les applications laser ne peut se faire qu'à basse température. Or il est indispensable d'augmenter la température de croissance des couches épitaxiées au-dessus des îlots, afin d'obtenir des structures de qualité optique compatible avec les applications laser.

Nous avons montré dans le paragraphe précédent que l'interdiffusion entre l'indium et le gallium lors de la croissance à haute température de couches au dessus des îlots modifiait considérablement leurs propriétés structurales. Dans ce paragraphe, nous allons étudier l'effet de différents recuits simulant la croissance des couches de confinement optique des structures laser. Ces couches sont épaisses (1,5 à 2 μm), et leur croissance est bien plus longue (entre 25 et 30 min) que celle des couches de confinement en AlGaAs des structures pour photoluminescence décrites au chapitre I. Il est nécessaire de les épitaxier à haute température (environ 650°C) afin de garantir leur bonne qualité optique. Nous présenterons des clichés obtenus en MET mettant en évidence un phénomène d'interdiffusion indium-gallium entre les îlots, la couche de mouillage et les couches environnantes.

III-2-1 Effet du recuit sur la photoluminescence des boîtes quantiques

Nous avons épitaxié pour cette étude un échantillon contenant un plan de boîtes quantiques inclus dans une structure pour photoluminescence identique à celle décrite au chapitre I (échantillon Or4494). Les îlots ont été formés à 490°C par dépôt de 2,1 MC d'InAs, 5,2 MC d'In$_{0,15}$Ga$_{0,85}$As, et 12 nm de GaAs d'encapsulation. La température de croissance a été augmentée jusqu'à 620°C avant d'épitaxier la partie supérieure de la structure. Dans ces conditions, l'élargissement inhomogène de la photoluminescence est bimodal, et les gros îlots relaxés plastiquement ne sont pas dissous lors de la remontée en température du fait de la trop forte épaisseur de GaAs d'encapsulation.

Après croissance, l'échantillon a été sorti du réacteur et clivé en quatre morceaux auxquels nous avons fait subir des recuits sous arsine pendant 25 minutes à différentes températures, afin de simuler la croissance des couches de confinement en AlGaAs de structures laser à émission par la tranche. L'échantillon Or4494-a n'a pas été recuit, et les échantillons Or4494-b, c et d ont été recuits à 570°C, 620°C et 670°C respectivement.

Les spectres de photoluminescence relevés à 77K de ces quatre échantillons sont présentés sur la figure III-7.

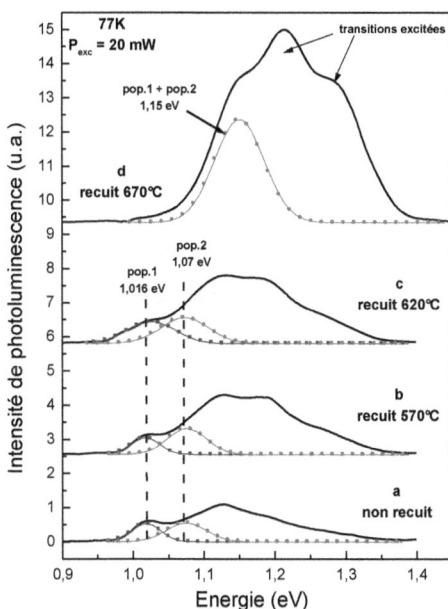

Fig.III-7 : *Spectres de photoluminescence des échantillons Or4494-a, b, c et d à 77K sous une puissance d'excitation de 20 mW. Les pics correspondant aux transitions fondamentales des deux populations de boîtes quantiques sont déconvolués en gaussiennes, et les intensités peuvent être comparées d'un échantillon à l'autre.*

Les échantillons Or4494-a, b et c contiennent deux populations d'îlots, dont les transitions fondamentales émettent à 1,016 et 1,07 eV à 77 K. La position spectrale des pics et leurs intensités relatives ne varient pas de manière significative quand la température de recuit augmente jusqu'à 620°C, ce qui suggère que la taille et la composition des îlots n'ont pas été affectées par le traitement thermique. En revanche, le recuit à 670°C a fortement modifié le spectre de photoluminescence : l'élargissement inhomogène est cette fois monomodal, et l'intensité intégrée totale est augmentée d'un facteur 5 environ par rapport à celle de l'échantillon non recuit. En outre l'énergie de luminescence est décalée vers le bleu, et la transition fondamentale des boîtes quantiques de cet échantillon émet à 1,15 eV.

III-2-2 Analyse en MET des échantillons Or4494-a et d

Afin d'identifier la cause du décalage vers le bleu de la luminescence de l'échantillon Or4494-d, nous avons comparé les vues transverses obtenues en MET des échantillons Or4494-a (non recuit) et d (recuit 25 min sous arsine à 670°C).

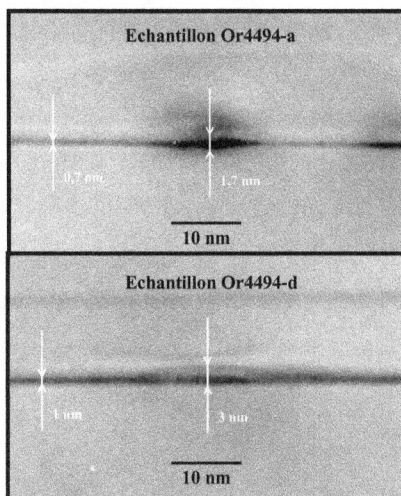

Fig.III-8 : *Vues transverses obtenues en MET (deux ondes-002) des échantillons Or4494-a et d. Les deux clichés sont au même grossissement.*

Les clichés présentés sur la figure III-8 ont été réalisés en axe de zone-[001], et leur contraste résulte essentiellement du champ de contrainte généré par les îlots.

Le motif de contraste correspondant à l'îlot de l'échantillon Or4494-a est sombre, et sa hauteur est d'environ 1,7 nm. De plus la forte contrainte au dessus de l'îlot génère un contraste très net qui s'étend sur environ 3,5 nm. Enfin l'épaisseur de la couche de mouillage de l'échantillon Or4494-a est d'environ 0,7 nm.

Le contraste de l'îlot de l'échantillon Or4494-d est moins intense et la hauteur du motif est d'environ 3 nm. Le cliché ne présente pas de contraste résultant de la contrainte au dessus de l'îlot, et la couche de mouillage de l'échantillon Or4494-d mesure 1 nm.

L'îlot de l'échantillon Or4494-d est donc moins contraint que l'îlot de l'échantillon Or4494-a, mais sa contrainte est répartie sur un plus gros volume : l'état de contrainte de l'InGaAs épitaxié sur du GaAs étant directement relié à sa composition en indium, il y a donc eu interdiffusion entre l'indium et le gallium dans l'échantillon Or4494-d lors du recuit à 670°C. L'îlot de l'échantillon Or4494-d est plus gros et moins riche en indium que celui de l'échantillon Or4494-a. L'interdiffusion entre l'indium et le gallium a également affecté la couche de mouillage, puisque celle-ci est plus épaisse (et par conséquent moins riche en indium) dans l'échantillon Or4494-d.

Le décalage vers le bleu de la photoluminescence constaté à la section précédente est donc dû à l'interdiffusion entre l'indium et le gallium lors du recuit à 670°C : l'énergie de la transition fondamentale des îlots de l'échantillon Or4494-d, plus pauvres en indium, est augmentée. En outre l'élargissement inhomogène de la photoluminescence de l'échantillon Or4494-d est monomodal. En effet l'interdiffusion entre l'indium et le gallium est d'autant plus efficace autour des îlots que ceux-ci sont riches en indium.

Ainsi ce phénomène conduit à une homogénéisation de la composition en indium des boîtes quantiques de l'échantillon : les îlots pauvres en indium en perdent peu (leur composition en indium peut même augmenter par consommation de l'indium contenu dans la couche de mouillage), alors que les îlots riches en indium en perdent beaucoup, ce qui conduit à une réduction de la largeur inhomogène de la distribution.

Enfin l'augmentation de l'intensité intégrée totale de photoluminescence est probablement le résultat de la guérison lors du recuit de l'échantillon des défauts ponctuels formés lors de la croissance à basse température des boîtes quantiques.

III-2-3 Conclusion

Cette étude nous a permis de mettre en évidence un effet important d'interdiffusion activée thermiquement entre l'indium et le gallium. Comme d'autres groupes l'ont constaté[19], ce phénomène conduit à un décalage vers le bleu de la luminescence. Nous avons montré que ce décalage était dû à un appauvrissement en indium des îlots, et qu'il s'accompagnait d'une réduction importante de l'élargissement inhomogène de la photoluminescence : un recuit de 25 min à 670°C conduit à l'observation d'un élargissement monomodal de la photoluminescence d'un échantillon dont l'élargissement inhomogène est bimodal avant le recuit.

Il sera essentiel de tenir compte de cet effet pour épitaxier des structures laser à émission par la tranche, pour lesquels la croissance de la couche de confinement optique supérieure est longue (de 1,5 à 2 µm épitaxiés en 20 à 30 min au minimum), et ne peut pas être effectuée à basse température.

III-3 Empilements de plans de boîtes quantiques

L'empilement de plans de boîtes quantiques est une étape incontournable pour la réalisation d'un laser. En effet, la faible densité d'états caractéristique des boîtes quantiques conduit à une saturation rapide de leur gain optique, saturation qui peut être retardée par l'insertion de plusieurs plans de boîtes quantiques dans les structures.

La réalisation d'empilements pose un certain nombre de problèmes, liés au champ de déformation généré par les plans inférieurs. Il conduit à une réduction de l'épaisseur critique de relaxation élastique[20] et à une augmentation de la taille critique de relaxation plastique des îlots des plans supérieurs[21,22]. En outre, il peut mener à un alignement[23,24] ou à un anti-alignement[25] vertical des îlots en fonction de la contrainte qu'ils génèrent et de l'épaisseur de l'espaceur entre deux plans. Enfin il est possible d'obtenir un couplage des fonctions d'onde des électrons de deux îlots très proches et corrélés verticalement, ce qui conduit à une réduction de l'énergie d'émission[26].

Par souci de simplicité et de reproductibilité, nous avons choisi d'espacer suffisamment nos plans d'îlots pour éviter tout effet de corrélation verticale. Nous illustrerons tout d'abord l'importance de la dissolution des gros îlots relaxés plastiquement (décrite à la section 2-2 du chapitre II) pour la réalisation d'empilements, puis nous rapporterons quelques résultats de photoluminescence démontrant la bonne qualité optique de nos multiplans de boîtes quantiques.

III-3-1 Epaisseur du GaAs d'encapsulation et qualité structurale des empilements

Les dislocations générées dans un échantillon se propagent ensuite pendant la croissance selon les plans atomiques les plus denses (plans [111] pour la structure blende de zinc). Il en va de même pour les dislocations d'accommodation qui apparaissent à l'interface entre le GaAs et les gros îlots relaxés plastiquement, comme le montre la figure III-9.

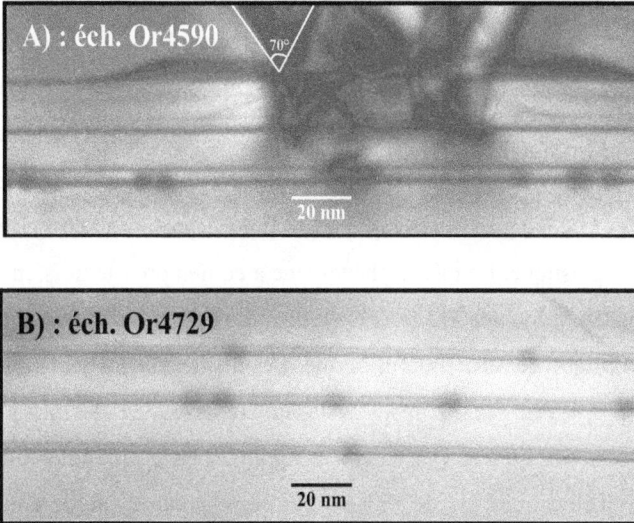

Fig.III-9 : *Vues transverses obtenues en MET de deux échantillons contenant 3 plans d'îlots espacés de 20 nm. L'épaisseur de GaAs d'encapsulation vaut 10 nm pour l'échantillon Or4590 (Fig.III-9-A)), et 4 nm pour l'échantillon Or4729 (Fig.III-9-B). Les deux clichés sont au même grandissement.*

Les échantillons Or4590 et Or4729 contiennent trois plans d'îlots épitaxiés à 530°C, et espacés de 20 nm. L'épaisseur du GaAs d'encapsulation, déposé avant la remontée en température, est de 10 nm pour l'échantillon Or4590 et de 4 nm pour l'échantillon Or4729. Ainsi les gros îlots relaxés plastiquement sont dissous lors de la remontée en température pour l'échantillon Or4729 alors qu'ils ne le sont pas pour l'échantillon Or4590 (voir la section 2-2 du chapitre II).

Aucun défaut étendu n'est visible sur le cliché de l'échantillon Or4729, dont tous les plans comportent des îlots. Par contre la présence d'un îlot relaxé plastiquement non dissout sur le plan inférieur de l'échantillon Or4590 a fortement perturbé la croissance des îlots des plans supérieurs : la contrainte qu'il a générée a favorisé la croissance de deux îlots sur le deuxième plan en positions anti-alignées. La diffusion de l'indium vers les zones déformées du deuxième plan a tellement été efficace qu'aucune autre boîte quantique n'a pu nucléer autour de ces deux îlots, qui ont donc grossi très rapidement pour dépasser la taille critique de relaxation plastique. Le même phénomène a eu lieu pour le troisième plan : cette fois deux îlots ont été formés en positions alignées, et ils ont dépassé la taille critique de relaxation plastique. Les dislocations d'accommodation se sont propagées dans le reste de la structure le long des plans denses [111], comme l'indique clairement la figure III-9-A) : l'angle entre deux plans de dislocations est de 70°, ce qui correspond à l'angle entre deux plans cristallographiques [111].

La dissolution complète des îlots relaxés plastiquement de chacun des plans de l'empilement est donc indispensable pour maintenir une bonne qualité structurale des échantillons. Notons pour finir qu'aucune corrélation verticale n'est visible entre les îlots des différents plans de l'échantillon Or4729 : un espaceur de 20 nm suffit à garantir la formation indépendante de chacun des plans d'îlots.

III-3-2 Qualification de la qualité optique des empilements

Nous avons fabriqué quatre structures pour photoluminescence identiques à celle décrite au chapitre I et contenant 1, 2, 3 et 5 plans d'îlots épitaxiés dans les mêmes conditions que l'échantillon Or4729 de la section précédente. En particulier, les plans de boîtes quantiques sont séparés d'un espaceur en GaAs de 20 nm d'épaisseur. Les résultats des expériences de photoluminescence menées à température ambiante sur ces échantillons sont présentés sur la figure III-10.

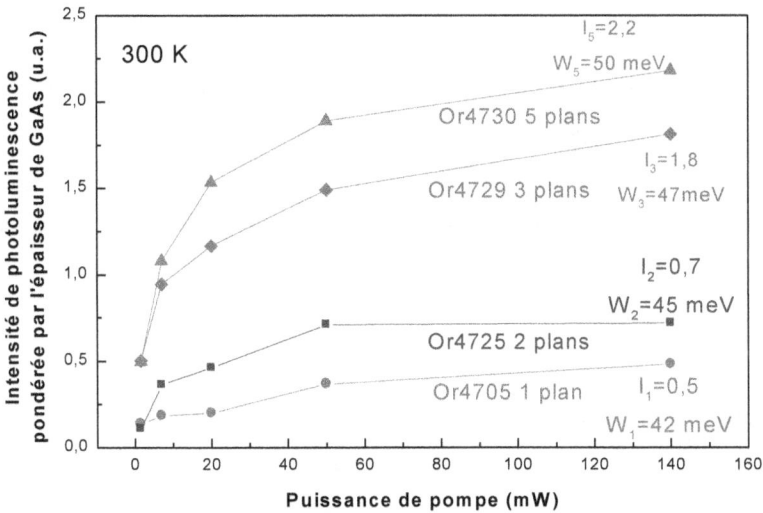

Fig.III-10 :Intensité intégrée de photoluminescence de la transition fondamentale des boîtes quantiques en fonction de la puissance d'excitation pour des échantillons contenant 1 (Or4705), 2 (Or4725), 3 (Or4729) et 5 (Or4730) plans d'îlots. L'intensité est pondérée par l'épaisseur de GaAs contenue dans les échantillons. I et W désignent pour chaque échantillon l'intensité (u.a.) et la largeur à mi hauteur du pic à la puissance maximale d'excitation. La mesure a été effectuée à température ambiante.

Les échantillons de cette étude ne contiennent qu'une seule population de boîtes quantiques cohérentes épitaxiées à 530°C (la pop.2, voir la section 3-2 du chapitre II). Pour chaque échantillon nous avons porté sur le graphe l'intensité intégrée de photoluminescence de la transition fondamentale en fonction de la puissance d'excitation. Afin de pouvoir comparer les échantillons à nombre de porteurs photogénérés égal, nous avons pondéré l'intensité par l'épaisseur de GaAs contenue dans chaque échantillon (les épaisseurs d'AlGaAs étant par ailleurs égales pour les quatre échantillons).

La dépendance de l'intensité de photoluminescence à la puissance d'excitation est caractéristique des boîtes quantiques : à faible puissance d'excitation, l'intensité augmente tant que les états disponibles pour les porteurs ne sont pas saturés. Ensuite l'intensité de luminescence sature, signature du caractère discret de la densité d'états (voir le chapitre IV) . L'intensité de saturation est proportionnelle au rendement radiatif de la structure et au nombre total de boîtes quantiques contenues dans l'échantillon.

Aux imprécisions de mesure et de déconvolution des spectres près, l'intensité de saturation varie linéairement avec le nombre de plans dans les échantillons, comme le montre la figure III-11.

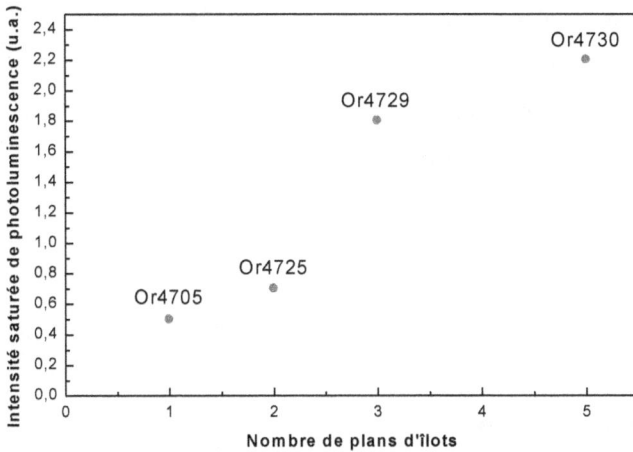

Fig.III-11 : *Intensité saturée de photoluminescence en fonction du nombre de plans d'îlots*

Ceci signifie que le rendement d'émission spontanée n'est pas détérioré lorsque le nombre de plans de l'empilement augmente.

En outre la largeur à mi-hauteur du pic de la transition n'augmente que de 8 meV entre l'échantillon à 1 plan (Or4705) et l'échantillon à 5 plans (Or4730). Ceci confirme que les boîtes quantiques ont bien crû indépendamment d'un plan à l'autre, sans « sentir » l'influence du champ de contrainte généré par le plan inférieur.

Notons pour finir qu'un effet de saturation en porteurs de charge des niveaux fondamentaux des boîtes quantiques apparaît dès les faibles puissances d'excitation pour les échantillons contenant un et deux plans d'îlots (échantillons Or4705 et Or4725). Si la densité de porteurs avait été suffisamment faible pour éviter la saturation en porteurs de charge du niveau fondamental des boîtes quantiques des échantillons Or4705 et Or4725, les intensités de photoluminescence correspondantes auraient été

169

égales à celles des échantillons Or4729 et Or4730. En effet tant que tous les états disponibles ne sont pas occupés par des porteurs, c'est la densité de porteurs injectés (et donc la puissance d'excitation) qui limite l'intensité de photoluminescence. Aux faibles puissance d'excitation, cette dernière est donc indépendante de la densité de boîtes quantiques et du nombre de plans.

III-4 Conclusion

Les propriétés structurales des îlots et des empilements de plans d'îlots ont été précisées dans ce chapitre. En particulier nous avons montré que nos îlots ont une taille latérale d'environ 20 nm et une hauteur d'environ 6 nm. Leur composition en indium est comprise entre 22 et 44%. Nous avons pu identifier les couches de mouillage des populations 1 et 2, et nous avons mis en évidence une forte ségrégation de l'indium.

Par ailleurs, les énergies de photoluminescence des îlots ont pu être corrélées à leurs propriétés structurales à l'aide d'un calcul k.p 8 bandes tridimensionnel de la structure de bandes des boîtes quantiques : l'émission autour de 1,3 µm résulte de la présence d'un cœur riche en indium à l'intérieur de nos boîtes quantiques.

L'effet de l'interdiffusion entre l'indium et le gallium lors de recuits sous arsine a été discuté. Il tend à réduire la différence de composition en indium entre les deux populations d'îlots, qui ont des caractéristiques structurales très proches à la fin de la croissance des structures pour photoluminescence. Un recuit prolongé à trop haute température conduit à un décalage vers le bleu de la photoluminescence.

Enfin nous avons caractérisé nos empilements de plans d'îlots. La nécessité de dissoudre les gros îlots relaxés plastiquement a été mise en évidence, et la qualité optique des empilements a été vérifiée par des expériences de photoluminescence.

Bibliographie du chapitre III

[1] L. Vescan, T.Stoica, O. Chretien, M. Goryll, E. Mateeva et A. Mück
Size distribution and electroluminescence of self-assembled Ge dots
J. Appl. Phys. **87**, 7275, (2000).

[2] J.M. Moison, F. Houzay, F. Barthe, L. Leprince, E. André, O. Vatel
Self-organized growth of regular nanometer-scale InAs dots on GaAs
Appl. Phys. Lett **64**, 196 (1994).

[3] N.P. Kobayashi, T.R. Ramachandran, P. Chen, A. Madhukar
In situ, atomic force microscope studies of the evolution of InAs three-dimensional islands on GaAs(001)
Appl. Phys. Lett. **68**, 3299 (1996).

[4] S. Ruvimov, P. Wermer, K. Sceerscmidt, U. Gösele, J. Heydenreich, U. Richter, N.N. Ledentsov, M. Grundmann, D. Bimberg, V.M. Ustinov, A. Yu Egorov, P.S. Kop'ev, Zh . I. Alferov
Structural characterization of (In,Ga)As quantum dots in a GaAs matrix
Phys. Rev. B **51**, 14766, 1995-II.

[5] I. Kegel, T.H. Metzger, A. Lorke, J. Peisl, J. Stangl, G. Bauer, K. Nordlund, W.V. Schoenfeld, P.M. Petroff
Determination of strain fields and composition of self-organized quantum dots using x-ray diffraction
Phys. Rev. B **63**, 35318-1, (2001).

[6] J. Oshinowo, M. Nishioka, S. Ishida, Y. Arakawa
Highly uniform InGaAs/GaAs quantum dots (~15 nm) by metalorganic chemical vapor deposition
Appl. Phys. Lett. **65**, 1421, (1994).

[7] K.H. Schmidt, G. Medeiros – Ribeiro, U. Kunze, G. Abstreiter, M. Hyn, P.M. Petroff
Size distribution of coherently strained InAs quantum dots
J. Appl. Phys. **84**, 4268, (1998).

[8] D. Zhi, H. Davock, R. Murray, C. Roberts, T.S. Jones, D.W. Pashley, P.J. Goodhew, B.A. Joyce
Quantitative compositional analysis of InAs/GaAs quantum dots by scanning transmission electron microscopy
J. Appl. Phys. **89**, 2079, (2001).

[9] J.P. McCaffrey, M.D. Robertson, S. Fafard, Z.R. Wasilewski, E.M. Griswold, L.D. Madsen
Determination of the size, shape, and composition of indium-flushed self-assembled quantum dots by transmission electron microscopy
J. Appl. Phys. **88**, 2272, (2000).

[10] M. Moran, H. Meida, T. Fleischmann, D.J. Norris, G.J. Rees, A.G. Cullis, M. Hopkinson
Indium segregation in (111)B GaAs-$In_xGa_{1-x}As$ quantum wells determined by transmission electron microscopy
J. Phys. D : Appl. Phys. **34**, 1943, (2001).

[11] J.M. Garcia, J.P. Silveira, F. Briones
Strain relaxation and segregation effects during self-assembled InAs quantum dots formation on GaAs(001)
Appl. Phys. Lett. **77**, 409, (2000).

[12] J.M. Gérard
In situ probing at the growth temperature of the surface composition of (InGa)As and (InAl)As
Appl. Phys. Lett. **61**, 2096, (1992).

[13] J. Jian-Sheng
Fitting the atomic scattering factors for electrons to an analytical formula
Acta Physica Sinica **33**, 849, (2000).

[14] O. Dehaese, W. Wallart, F. Mollot
Kinetic model of element III segregation during molecular beam epitaxy of III-III-V semiconductor compounds
Appl. Phys. Lett. **66**, 52, (1995).

[15] A. Krost, J. Bläsing, F.Heinrichsdorff, D. Bimberg
In enrichment in (In,Ga)As/GaAs quantum dots studied by high-resolution x-ray diffraction and pole figure analysis
Appl. Phys. Lett. **75**, 2957, (1999).

[16] Jean-Michel Gérard, thèse de doctorat
Croissance par épitaxie par jets moléculaires et étude optique des propriétés électroniques des hétérostructures semiconductrices très contraintes InAs/GaAs
Université Paris VI, (1990).

[17] S. Sauvage, P. Boucaud, J.M. Gérard, V. Thierry-Mieg
In-plane polarized intraband absorption in InAs/GaAs self-assembled quantum dots
Phys. Rev. B **58**, 10562, (1998).

[18] T. Yamauchi, Y. Matsuba, L. Bolotov, M. Tabuchi, A. Nakamura
Correlation between the gap energy and size of single InAs quantum dots on GaAs(001) studied by scanning tunneling spectroscopy
Appl. Phys. Lett. **77**, 4368, (2000).

[19] F. Heinrichsdorff, M. Grundmann, O. Stier, A. Krost, D. Bimberg
Influence of In/Ga intermixing on the optical properties of InGaAs/GaAs quantum dots
J. Cryst. Growth 195, **540**, (1998).

173

[20] A. Dunbar, M. Halsall, P. Dawson, U. Bangert, M. Miura, Y. Shiraki
The effect of strain field seeding on the epitaxial growth of Ge islands on Si(001)
Appl. Phys. Lett. **78**, 1658, (2001).

[21] H.Y. Liu, B. Xiu, Y.H. Chen, D. Ding, Z.G. Wang
Effects of seed layer on the realization of larger self-assembled coherent InAs/GaAs quantum dots
J. Appl. Phys. **88**, 5433, (2000).

[22] I. Mukhametzhanov, R. Heitz, J. Zeng, P. Chen, A. Madhukar
Independent manipulation of density and size of stress-driven self-assembled quantum dots
Appl. Phys. Lett. **73**, 1841, (1998).

[23] A.A. Dachuber, V. Holy, J. Stangl, G. Bauer, A. Krost, F. Heinrichsdorff, M. Grundmann, D. Bimberg, V.M. Ustinov, P.S. Kop'ev, A.O. Kosogov, P. Werner
Lateral and vertical ordering in multilayered self-organized InGaAs quantum dots studied by high resolution x-ray diffraction
Appl. Phys. Lett. **70**, 955, (1997).

[24] Z.R. Wasilewski, S. Fafard, J.P. MacCaffrey
Size and shape engineering of vertically stacked self-assembled quantum dots
J. Cryst. Growth **201/202**, 1131, (1999).

[25] Qianghua Xie, J.L. Brown, J.E. Van Nostrand
Cooperative nucleation and evolution in InGaAs quantum dots in multiply stacked structures
Appl. Phys. Lett. **78**, 2491, (2001).

[26] S. Fafard, M. Spanner, J.P. McCaffrey, Z.R. Wasilewski
Coupled InAs/GaAs quantum dots with well-defined electronic shells
Appl. Phys. Lett. **76**, 2268, (2000).

Chapitre IV : Dynamique des porteurs et émission spontanée des boîtes quantiques.

Dans les deux chapitres précédents, nous avons présenté un certain nombre de propriétés structurales de nos boîtes quantiques. Dans cette partie nous nous attacherons à la compréhension des propriétés de capture, de recombinaison et de ré-émission des porteurs de charge dans les îlots, ainsi qu'à la caractérisation de leur émission spontanée. Nous montrerons que les propriétés d'émission spontanée de nos îlots, épitaxiés par EPVOM, diffèrent sensiblement des propriétés rapportées dans la littérature qui concernent pour la grande majorité d'entre eux des îlots épitaxiés par EJM.

Nous analyserons tout d'abord les résultats obtenus en photoluminescence résolue en temps. Nous décrirons ensuite les phénomènes de recombinaison non-radiative et de transfert de porteurs entre les deux populations de boîtes quantiques, avant de commenter la saturation de la photoluminescence de nos îlots. Enfin nous conclurons en présentant les conditions de croissance les mieux adaptées à la réalisation de composants à boîtes quantiques, en nous appuyant sur les résultats des caractérisations structurales et optiques.

Comme nous l'avons vu au chapitre III, les dimensions d'une boîte quantique sont de l'ordre de grandeur de la longueur d'onde de de Broglie des porteurs ($\approx$ 10 nm à 300K[1]), qui sont ainsi confinés dans la nanostructure. Les niveaux d'énergie sont donc discrets en bande de conduction et en bande de valence[2], ce qui justifie l'appellation fréquemment employée de « super-atome artificiel ».

Dans le système In(Ga)As/GaAs, la dégénérescence généralement constatée du $k^{\text{ème}}$ niveau confiné (spin inclus) est $g = 2 \cdot (k+1)^{3,4,5}$, et nous vérifierons dans la suite que ceci est également valable pour nos îlots. La structure de bandes d'une boîte quantique peut donc être schématisée comme sur la figure IV-1 :

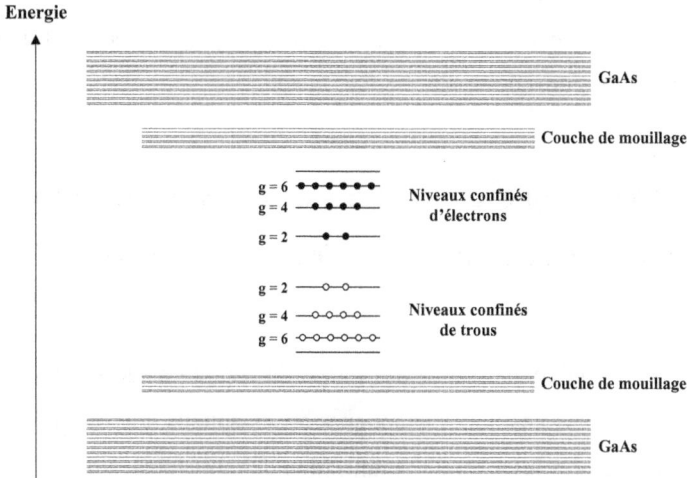

Fig.IV-1 : *Diagramme de bandes schématique d'une boîte quantique.*

Le caractère discret de la densité d'états des boîtes quantiques leur confère un certain nombre de propriétés optiques particulières. Ainsi l'élargissement homogène de la photoluminescence est faible à basse température[i] (quelques μeV[6]). En outre, l'efficacité de localisation remarquable des porteurs[7] caractéristique des boîtes quantiques en fait des émetteurs efficaces, peu sensibles à la présence de défauts dans la structure. Cependant la présence de centres non-radiatifs à proximité des îlots (plus précisément à une distance de l'ordre de grandeur de l'extension de la fonction d'onde des porteurs) peut réduire leur rendement d'émission

---

[i] L'élargissement homogène augmente avec la température, malgré le caractère discret de la densité d'états, du fait de l'interaction entre porteurs, et de l'interaction porteur-phonon (voir le chapitre V).

spontanée à température ambiante, comme nous le verrons dans la suite. Enfin comme le montre la figure IV-1, le nombre d'états disponibles pour les électrons et les trous est fini dans une boîte quantique, ce qui conduit à la saturation de l'émission spontanée en régime de forte injection, ainsi qu'à la saturation du gain optique. Ce dernier point constitue l'une des limitations majeures des lasers à boîtes quantiques.

IV-1 Dynamique de capture et de recombinaison des porteurs de charge dans les boîtes quantiques

Une bonne connaissance des temps de capture et de recombinaison des porteurs dans nos boîtes quantiques est essentielle à la compréhension des propriétés des lasers et à l'optimisation des structures. Nous extrairons des expériences de photoluminescence résolue en temps présentées dans la suite des paramètres importants comme le temps de déclin de la photoluminescence (dont dépend directement le courant de seuil des structures lasers) ou le temps de capture des porteurs par les îlots, qui caractérise leur sensibilité à la présence de défauts non-radiatifs.

IV-1-1 Echantillon étudié et conditions expérimentales

Nous avons étudié par photoluminescence résolue en temps une structure pour photoluminescence du type de celle décrite au chapitre I (échantillon Or4650). Elle contient un plan d'îlots épitaxié à 510°C. Les gros îlots relaxés plastiquement ont été dissous suivant la procédure décrite au chapitre II, et l'échantillon contient deux populations de boîtes quantiques émettant dans leurs transitions fondamentales à 0,95 et 0,99 eV à 300K. La densité totale de boîtes quantiques dans l'échantillon a été évaluée par MET, et vaut environ 7.10^9 cm^{-2}. Le rapport des densités de boîtes quantiques des deux populations peut être estimé à environ 100 d'après l'étude présentée au chapitre II, les îlots appartenant à la pop.2 étant majoritaires.

Le laser d'excitation de l'expérience de photoluminescence résolue en temps est un Titane-Saphir accordable (750 nm $<$ $\square$ $<$ 850 nm) à modes bloqués pompé par un laser à argon. Il délivre des impulsions dont la durée vaut 2 ps, à une fréquence de 82 MHz (soit une période de 12,5 ns). Les photons émis par l'échantillon sont dispersés spectralement dans un monochromateur, puis convertis en électrons par une photocathode. Ces électrons sont défléchis par une tension périodique synchronisée sur les impulsions du laser, ce qui permet de résoudre temporellement le signal. Ils bombardent ensuite un écran de phosphore, et le signal, résolu temporellement et spectralement, est visualisé à l'aide d'une caméra CCD. La sensibilité de la photocathode décroît exponentiellement pour les longueurs d'onde supérieures à 1 µm[8].

Les résultats présentés dans la suite ont été obtenus en excitant l'échantillon à 800 nm. Les porteurs sont donc générés dans le GaAs, et relaxent ensuite dans la couche de mouillage et les boîtes quantiques. La densité de puissance moyenne d'excitation a été choisie suffisamment faible (environ 0,5 W.cm^{-2} sur l'échantillon) pour éviter le peuplement des états excités des boîtes quantiques. La faible sensibilité de la photocathode aux basses énergies ne nous a pas permis de résoudre correctement la transition fondamentale de la pop.1 dans ces conditions d'excitation. Nous présenterons donc dans la suite uniquement l'étude de la transition fondamentale de la pop.2.

IV-1-2 Capture et recombinaison à 10 K

Le signal de photoluminescence résolu en temps de la transition fondamentale de la population 2 relevé à 10 K est présenté sur la figure IV-2.

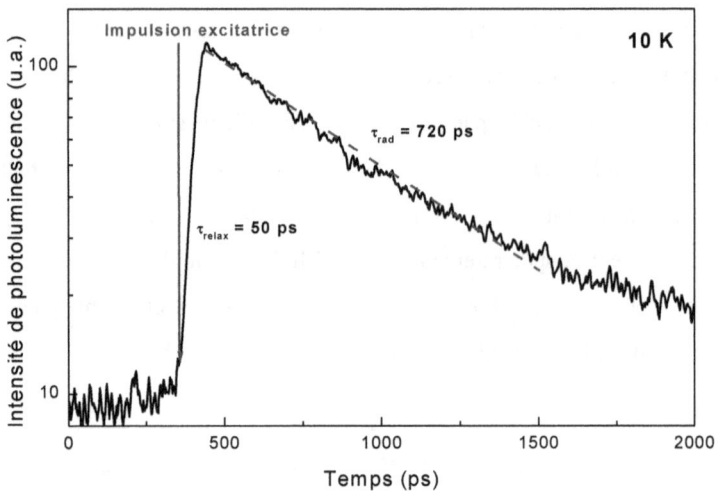

Fig.IV-2 : *Evolution temporelle de la photoluminescence de la transition fondamentale de la pop.2 à 10 K, pour une densité de puissance moyenne d'excitation de 0,5 W.cm⁻².*

Les porteurs générés dans les barrières par une impulsion du laser excitateur relaxent tout d'abord dans le niveau fondamental de la boîte quantique, puis se recombinent de manière radiative ou non-radiative. A basse température, la totalité des porteurs ayant relaxé dans le niveau fondamental se recombine radiativement : ils n'ont pas suffisamment d'énergie thermique pour être excités vers d'éventuels pièges non-radiatifs.

Ces deux phénomènes successifs sont décrits par des temps caractéristiques : τ_{relax} pour la relaxation, et τ_{rad} pour la recombinaison radiative. Les deux paramètres peuvent être évalués sur la courbe de la figure IV-2 : l'augmentation brutale de l'intensité de photoluminescence après le pulse est gouvernée par τ_{relax}, et le déclin plus long de l'intensité est gouverné par τ_{rad}. Nous obtenons ici $\tau_{relax} \approx 50$ ps, et $\tau_{rad} = 720$ ps.

Le temps caractéristique τ_{relax} dépend de la densité de boîtes quantiques[1]. Lorsque la densité est faible, il est limité par la diffusion des porteurs dans le matériau. A plus forte densité d'îlots, il dépend de l'efficacité du processus de relaxation. Dans le cas de diffusion des porteurs par des phonons, τ_{relax} est de l'ordre de quelques dizaines de picosecondes[9]. Si des processus de relaxation impliquant des interactions entre porteurs (relaxation Auger) prédominent, le temps de relaxation peut être de l'ordre de 10 ps[10] ou même inférieur[11]. Pour nos îlots présentant un τ_{relax} d'environ 50 ps, il est difficile de déterminer sans ambiguïté quel type de relaxation est mis en jeu. Notons toutefois que l'ordre de grandeur de τ_{relax} et la relativement forte densité de boîtes quantiques (7.10^9 cm^{-2}) laissent supposer qu'il n'est pas limité par la diffusion des porteurs dans les barrières ou la couche de mouillage.

Le temps de déclin τ_{rad} vaut 720 ps. Ce temps est de l'ordre de ceux rapportés pour des îlots quantiques fabriqués en EJM par dépôt d'InAs pur[12,10,13] (environ 1 ns à 10 K).

IV-1-3 Evolution du temps de déclin avec la température

Afin de détecter la présence d'éventuels pièges non-radiatifs dans nos structures, nous avons mesuré le temps de déclin τ de la photoluminescence de la transition fondamentale de la pop.2 en fonction de la température. Les résultats sont regroupés sur la figure IV-3.

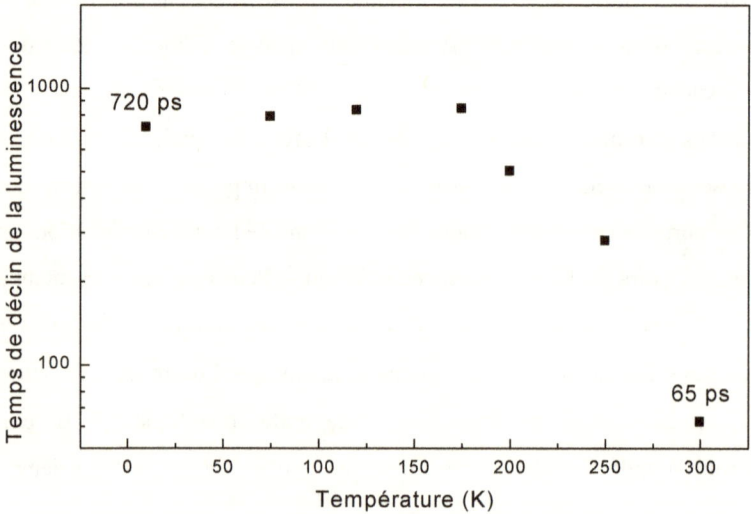

Fig.IV-3 : *Temps de déclin de l'intensité de photoluminescence de la transition fondamentale de la pop.2 (éch. Or4650) en fonction de la température pour une densité de puissance moyenne d'excitation de 0,5 W.cm^{-2}.*

Deux régimes sont identifiables sur la figure IV-3 : entre 10 et 175 K, τ augmente lentement et exponentiellement (échelle logarithmique). A 175 K, τ = 830 ps, et au delà de cette température τ diminue rapidement pour atteindre 65 ps à 300 K.

Ce comportement peut être interprété comme suit.

Entre 10 et 175 K, les recombinaisons des porteurs dans les boîtes quantiques sont radiatives, et on peut considérer que $\tau = \tau_{rad}$. Nous observons donc une augmentation de la durée de vie radiative des porteurs de charge d'environ 15% dans cette gamme de températures. Une augmentation beaucoup plus marquée (environ 50%) a été rapportée par d'autres groupes dans la même gamme de températures pour des îlots d'InAs épitaxiés en EJM[10,13]. Elle semble être due à un transfert thermiquement activé des porteurs depuis l'état fondamental vers les états excités des boîtes quantiques, qui réduit la probabilité de recombinaison des porteurs sur la transition fondamentale.

Entre 175 et 300 K, τ décroît rapidement. En effet, dans cette gamme de températures, l'énergie thermique devient suffisante pour que les porteurs soient excités vers des niveaux de pièges non-radiatifs, à proximité immédiate ou à l'extérieur de la boîte quantique. On peut alors écrire :

$$\frac{1}{\tau} = \frac{1}{\tau_{rad}} + \frac{1}{\tau_{nrad}}$$

La durée de vie totale diminue au fur et à mesure que la probabilité de recombinaison non-radiative augmente.

183

A température ambiante, on mesure pour nos îlots τ = 65 ps. Les données disponibles dans la littérature pour des îlots épitaxiés par EJM[14] indiquent que la durée de vie totale des porteurs à température ambiante est de l'ordre de celle mesurée à basse température, c'est à dire environ 1 ns. Aucune information n'est disponible concernant les îlots épitaxiés par EPVOM. Deux scénarios sont envisageables :

i) les porteurs, initialement piégés dans le niveau fondamental, peuvent être excités thermiquement vers des niveaux moins confinés des îlots (états excités). Or la fonction d'onde des porteurs piégés dans les états excités des boîtes quantiques s'étend plus loin à l'extérieur de l'îlot que celle des porteurs piégés dans le niveau fondamental[15]. Elle peut alors plus facilement être couplée à des défauts non-radiatifs situés à proximité immédiate des îlots. Ce mécanisme peut donc conduire à une augmentation de la probabilité de recombinaison non-radiative des porteurs.

ii) les porteurs peuvent s'échapper thermiquement du potentiel confinant des îlots pour atteindre la couche de mouillage ou le GaAs et s'y recombiner non radiativement sur des défauts ponctuels.

L'étude présentée dans la section suivante doit permettre de trancher entre les deux phénomènes pour chacune des deux populations d'îlots.

IV-2 Activation thermique des pièges non-radiatifs et transfert de charges entre les deux populations d'îlots

Les mesures du déclin temporel de la luminescence nous ont permis de révéler la présence de défauts non-radiatifs, qui réduisent considérablement la durée de vie des porteurs dans les îlots de la pop.2 à température ambiante. Dans ce qui suit, nous nous attachons à caractériser plus précisément ces défauts non-radiatifs. Nous montrerons en particulier que leur énergie d'activation n'est pas la même pour les deux populations d'îlots, et qu'à température ambiante, les porteurs relaxent préférentiellement dans la pop.1.

Nous avons mesuré la photoluminescence (non résolue en temps) de l'échantillon présenté dans la section précédente en fonction de la température. La mesure a été effectuée en créant les porteurs dans les barrières (λ_{laser} = 480 nm) sous faible puissance d'excitation ($P_{exc} \approx 0,5$ mW). Les spectres de la figure IV-4 montrent clairement une inversion du rapport entre les intensités de photoluminescence des populations 1 et 2 lorsque la température passe de 5 à 300 K.

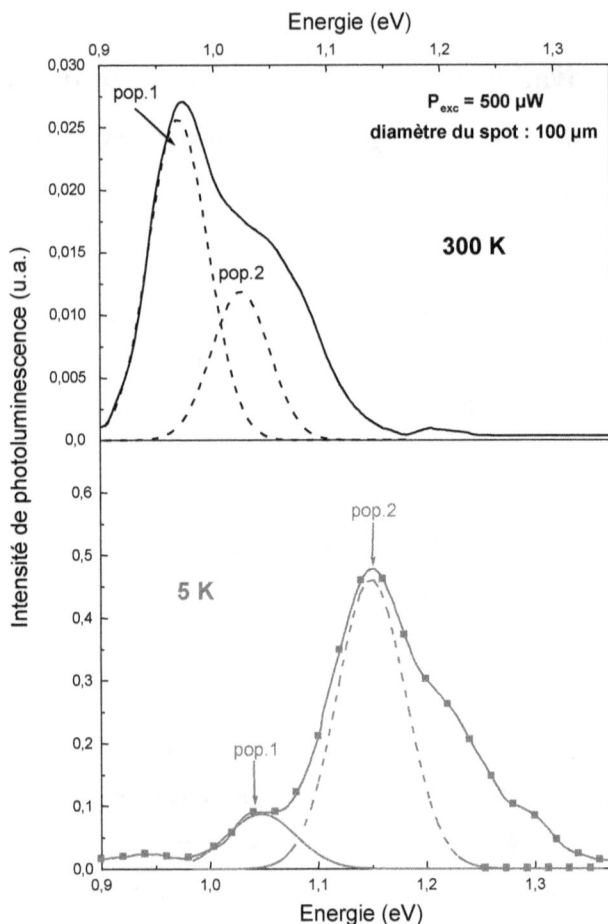

Fig.IV-4 : *Spectres de photoluminescence de l'échantillon Or4650 à 5 K (en bas)*
et à 300 K (en haut). Les intensités des deux spectres peuvent être comparées, et
les pics correspondant aux transitions fondamentales des deux populations sont
déconvolués en gaussiennes pour les deux températures.

Ces spectres suggèrent une redistribution thermique des porteurs en

faveur de la pop.1 lorsque la température augmente. Afin de préciser ce

phénomène, nous avons étudié les variations de l'intensité intégrée des transitions fondamentales des deux populations en fonction de la température.

IV-2-1 Intensité de photoluminescence des deux populations en fonction de la température

Nous avons porté sur la figure IV-5 les intensités intégrées des transitions fondamentales des deux populations de boîtes quantiques en fonction de $(k.T)^{-1}$ (inverse de l'énergie thermique à la température T), où k est la constante de Boltzmann.

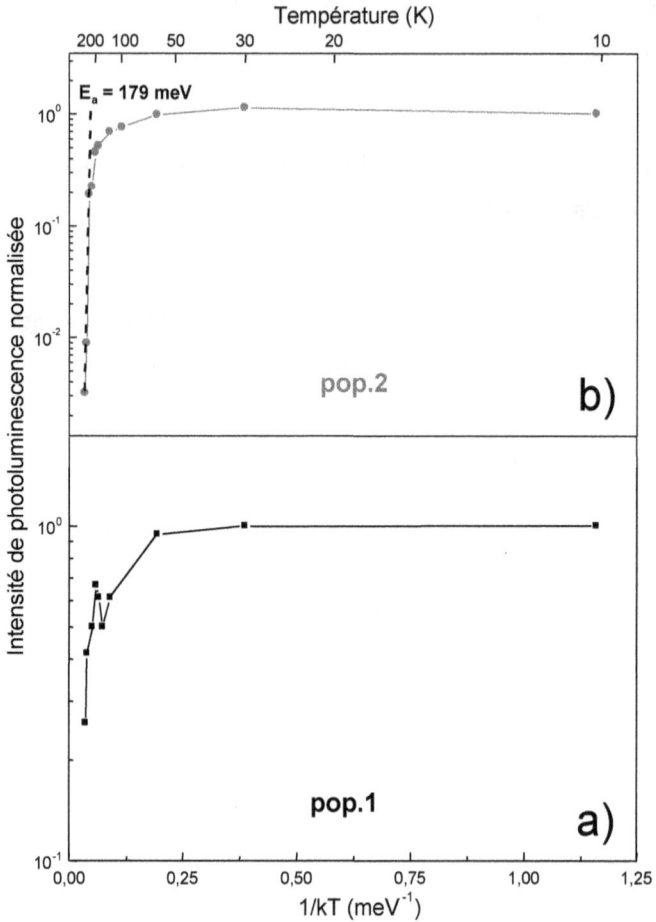

Fig.IV-5 : *Intensité intégrée de photoluminescence des transitions fondamentales des deux populations en fonction de 1/kT (échantillon Or4650). Les intensités sont normalisées par rapport à leurs valeurs à 5 K.*

Pour la pop.2 (figure IV-5-b), l'intensité de photoluminescence est constante à basse température, puis décroît exponentiellement à partir de $1/kT = 0{,}07$ meV^{-1} (T = 165 K) environ. Le comportement de l'intensité de photoluminescence en fonction de la température est semblable à celui observé pour le temps de déclin de la photoluminescence (figure IV-3). La diminution du rendement de luminescence est due à l'excitation thermique des porteurs vers un niveau de pièges non-radiatifs, dont la distance énergétique au niveau fondamental des boîtes quantiques est donnée par la pente de la courbe $\log(I_{PL}) = f(1/kT)$ à haute température (dans l'hypothèse où le temps de vie non-radiatif des porteurs dans le piège est négligeable devant le temps de vie dans les îlots)[i]. L'énergie d'activation des pièges non-radiatifs est ici de 179 meV.

---

[i] Injectons G porteurs par seconde dans le système à deux niveaux ci-dessous :

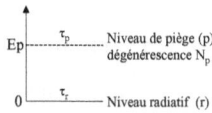

τ_p et τ_r désignent respectivement les durées de vie des porteurs dans le niveau de piège et le niveau radiatif.

Les n porteurs générés se répartissent entre les deux niveaux en suivant la statistique de Boltzmann, et l'on a :

$$G = \frac{1}{\tau_r} \cdot \frac{n}{1 + N_p \cdot e^{\frac{E_p}{k \cdot T}}} + \frac{1}{\tau_p} \cdot \frac{n \cdot N_p \cdot e^{-\frac{E_p}{k \cdot T}}}{1 + N_p \cdot e^{\frac{E_p}{k \cdot T}}} \cdot$$

d'où l'on peut extraire n. Le nombre de porteurs n_r se recombinant radiativement dans le niveau r est donné par

$$n_r = \frac{n}{1 + N_p \cdot e^{-\frac{E_p}{k \cdot T}}} \cdot$$

En remplaçant n par sa valeur dans cette dernière équation on obtient :

$$\frac{d(\ln n_r)}{d\left(\frac{1}{k \cdot T}\right)} \xrightarrow{T \to \infty} E_p \cdot \frac{1}{1 + \frac{\tau_p}{\tau_r \cdot N_p}}$$

189

L'intensité de photoluminescence de la pop.1 présente un comportement sensiblement différent de celui de la pop.2 : après avoir été constante à basse température, l'intensité diminue jusqu'à environ 160 K ($1/kT = 0,192$ meV^{-1}), augmente entre 160 et 200 K ($1/kT = 0,057$ meV^{-1}), avant de diminuer à nouveau.

IV-2-2 Transfert de porteurs de charges thermiquement activé entre les deux populations d'îlots

L'énergie de confinement[i] des électrons et des trous calculée pour une boîte quantique d'InAs pur de taille équivalente à celle estimée pour nos îlots au chapitre III (taille latérale : 20 nm, hauteur : 6 nm) est de l'ordre de 250 meV[16]. Aucune donnée n'est malheureusement disponible pour des îlots contenant du gallium. Cette valeur est supérieure à l'énergie d'activation des recombinaisons non-radiatives de 179 meV mesurée dans la section précédente pour les îlots de la pop.2. Cependant, comme nous l'avons montré au chapitre III, la composition moyenne en indium de nos îlots est comprise entre 22 et 44%. L'énergie de confinement des porteurs est donc plus faible dans nos îlots que dans des îlots d'InAs pur, et le déclin de l'intensité de photoluminescence observé sur la figure IV-5 peut être le

---

Ainsi si $\tau_p \ll \tau_r$, la pente de la courbe $I_{PL} = f(1/k.T)$ donne l'écart énergétique entre le niveau de piège non-radiatif et le niveau radiatif.

[i] L'énergie de confinement désigne ici la distance énergétique entre le niveau confiné fondamental de la couche de mouillage et le niveau confiné fondamental des boîtes quantiques

résultat de l'échappement des porteurs (et plus vraisemblablement des électrons, dont la masse effective est plus faible) hors des îlots, suivi de leur recombinaison non-radiative sur des défauts localisés hors des îlots.

Le comportement de l'intensité de la photoluminescence des boîtes quantiques de la pop.1 résulte de la compétition entre deux phénomènes : un premier processus tend à faire diminuer l'intensité de photoluminescence quand la température augmente, et correspond à l'excitation thermique des porteurs confinés dans les boîtes quantiques vers des centres non-radiatifs. Le second processus tend quant à lui, à partir de 160 K environ, à compenser le premier processus et à provoquer une ré-augmentation de l'intensité de photoluminescence émise par la transition fondamentale des îlots de la pop .1.

Cette ré-augmentation de l'intensité de photoluminescence est due à une augmentation du nombre de porteurs capturés à partir de 160 K. L'hypothèse d'un transfert thermiquement activé de porteurs des îlots de la pop.2 vers les îlots de la pop.1 est donc envisageable. Ce type de comportement a déjà été rapporté dans la littérature[17] : à température ambiante, les porteurs s'échappent thermiquement des boîtes quantiques les moins « profondes » (celles pour lesquelles le confinement des porteurs est le plus faible) et se recombinent préférentiellement dans les boîtes quantiques les plus profondes. Ceci peut mener à un rétrécissement de la largeur à mi-hauteur du pic de photoluminescence à température ambiante[18].

Afin de confirmer l'hypothèse d'un transfert de charges thermiquement activé des boîtes quantiques de la pop.2 vers celles de la pop.1, et d'extraire une valeur de l'énergie d'activation des recombinaisons non-radiatives dans les îlots de la pop.1, nous avons élaboré un modèle simple pour ajuster les points expérimentaux de la figure IV-5. Pour ce faire, nous avons autorisé les « mouvements » de porteurs suivant (figure IV-6) :

- *Recombinaison radiative dans les îlots de la pop.1 (taux R_1)*

- *Recombinaison non radiative dans les îlots de la pop.1 (taux NR_1, énergie d'activation e_1)*

- *Recombinaison radiative dans les îlots de la pop.2 (taux R_2)*

- *Echappement thermique des porteurs des îlots de la pop.2 vers la couche de mouillage (taux U_2, énergie d'activation e_2)*

- *Capture des porteurs photo-générés (taux de génération : g porteurs par seconde) dans les deux populations d'îlots.*

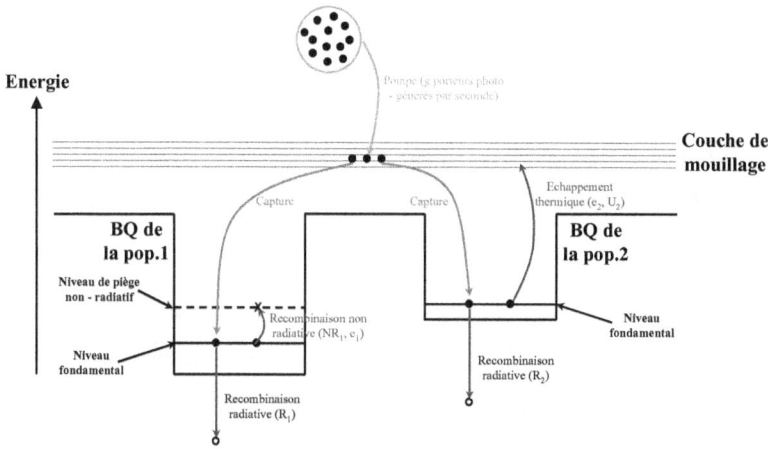

Fig.IV-6 : *Représentation schématique des mouvements de porteurs autorisés dans le modèle de redistribution thermique des porteurs entre les deux populations de boîtes quantiques.*

Par souci de simplicité, on admettra que la capture des porteurs dans les îlots est beaucoup plus rapide que les recombinaisons radiatives et non-radiatives dans la couche de mouillage. Ainsi un porteur généré par la pompe ou s'échappant d'un îlot est immédiatement capturé dans les îlots. Cette hypothèse est appuyée par l'absence de pic correspondant à la couche de mouillage sur les spectres de la figure IV-4.

Les taux de recombinaisons radiatives R_1 et R_2 sont par ailleurs supposés indépendants de la température. Par contre, à la température T, les taux de recombinaisons non-radiatives dans la pop.1 ($NR_1(T)$) et d'échappement des porteurs hors des boîtes quantiques de la pop.2 ($U_2(T)$) sont donnés par les relations :

$$NR_1(T) = NR_1 \cdot e^{\frac{-e_1}{k \cdot T}}$$

$$U_2(T) = U_2 \cdot e^{\frac{-e_2}{k \cdot T}}$$

Ainsi lorsque T tend vers 0, $NR_1(0)$ et $U_2(0)$ sont nuls, et tous les porteurs capturés dans les boîtes quantiques s'y recombinent de manière radiative.

En notant $g.N_1$ et $g.N_2$ le nombre de porteurs piégés par seconde à 0 K dans les populations 1 et 2, et $n_1(T)$ et $n_2(T)$ le nombre de porteurs contenus dans les îlots des populations 1 et 2 à la température T, on peut écrire :

$$\frac{dn_1(T)}{dt} = g \cdot N_1 + n_2(T) \cdot U_2 \cdot e^{\frac{-e_2}{k \cdot T}} - n_1(T) \cdot R_1 - n_1(T) \cdot NR_1 \cdot e^{\frac{-e_1}{k \cdot T}}$$

$$\frac{dn_2(T)}{dt} = g \cdot N_2 - n_2(T) \cdot U_2 \cdot e^{\frac{-e_2}{k \cdot T}} - n_2(T) \cdot R_2$$

où $n_2(T) \cdot U_2 \cdot e^{\frac{-e_2}{k \cdot T}}$ est le nombre de porteurs par seconde s'échappant de la pop.2 et se recombinant dans la pop.1, $n_1(T) \cdot NR_1 \cdot e^{\frac{-e_1}{k \cdot T}}$ est le nombre de porteurs par seconde se recombinant dans les centres non-radiatifs de la pop.1, et $n_1(T) \cdot R_1$ et $n_2(T) \cdot R_2$ représentent le nombre de porteurs par seconde se recombinant radiativement dans les populations 1 et 2.

En régime stationnaire, le nombre de porteurs contenus dans chacune des deux populations de boîtes quantiques est indépendant du temps. On a donc :

$$g \cdot N_1 + n_2(T) \cdot U_2 \cdot e^{\frac{-e_2}{kT}} = n_1(T) \cdot R_1 + n_1(T) \cdot NR_1 \cdot e^{\frac{-e_1}{kT}}$$

$$g \cdot N_2 = n_2(T) \cdot U_2 \cdot e^{\frac{-e_2}{kT}} + n_2(T) \cdot R_2$$

d'où l'on peut extraire :

$$n_2(T) = \frac{g \cdot N_2}{R_2 + U_2 \cdot e^{\frac{-e_2}{kT}}}$$

et

$$n_1(T) = \frac{g}{R_1 + NR_1 \cdot e^{\frac{-e_1}{kT}}} \cdot \left(N_1 + N_2 \cdot \frac{U_2 \cdot e^{\frac{-e_2}{kT}}}{R_2 + U_2 \cdot e^{\frac{-e_2}{kT}}} \right).$$

L'intensité de photoluminescence émise par la transition fondamentale de chacune des deux populations de boîtes quantiques est égale au produit du rendement d'émission spontanée par le nombre de porteurs contenus dans le niveau fondamental de chacune des deux populations :

$$I_1(T) = \frac{R_1}{R_1 + NR_1(T)} \cdot n_1(T)$$

$$I_2(T) = \frac{R_2}{R_2 + U_2(T)} \cdot n_2(T)$$

En faisant tendre T vers 0 dans les deux équations ci-dessus, on obtient $I_1(0) = \dfrac{g \cdot N_1}{R_1}$ et $I_2(0) = \dfrac{g \cdot N_2}{R_2}$. On peut alors écrire :

$$I_1(T) = I_1(0) \cdot \frac{1}{\left(1 + a_1 \cdot e^{\frac{-e_1}{k \cdot T}}\right)^2} \cdot \left(1 + A \cdot \frac{a_2 \cdot e^{\frac{-e_2}{k \cdot T}}}{1 + a_2 \cdot e^{\frac{-e_2}{k \cdot T}}}\right)$$

$$I_2(T) = I_2(0) \cdot \frac{1}{\left(1 + a_2 \cdot e^{\frac{-e_2}{k \cdot T}}\right)^2}$$

où $a_1 = NR_1/R_1$, $a_2 = U_2/R_2$, et $A = N_2/N_1$.

Ces deux dernières équations permettent d'ajuster les courbes de la figure IV-5. Les paramètres ajustables sont a_1 et e_1. En effet e_2 a été mesuré sur la figure IV-5 et vaut 179 meV. a_2 peut être déduit des mesures de durées de vie présentées sur la figure IV-3. En effet on peut écrire :

$$U_2(T) = U_2 \cdot e^{-\frac{e_2}{k \cdot T}} \xrightarrow[T \to \infty]{} U_2$$

U_2 est donc le taux de recombinaisons non radiatives des porteurs dans la pop.2 lorsque T tend vers l'infini. C'est donc l'inverse de la durée de vie non-radiative des porteurs à température infinie dans le niveau fondamental des boîtes quantiques. Cette valeur peut être obtenue en extrapolant à haute température la courbe de la variation du temps de déclin de la photoluminescence en fonction de la température présentée dans la section IV-1-3 (figure IV-3), comme indiqué sur la figure IV-7 ci-dessous :

196

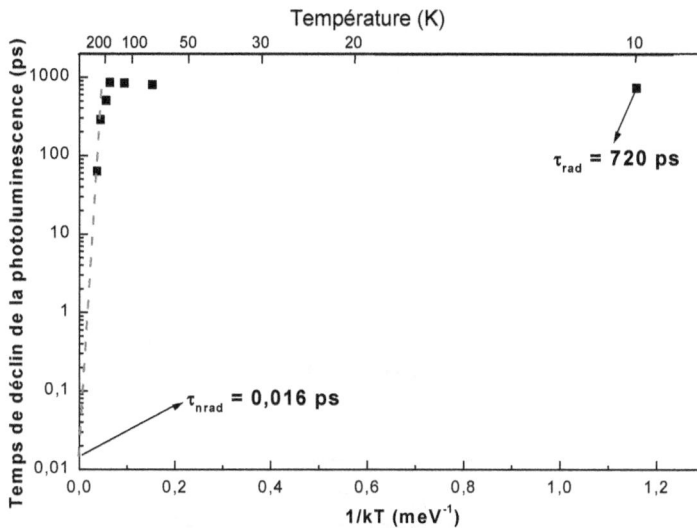

Fig.IV-7 : *Temps de déclin de la photoluminescence de la transition fondamentale de la pop.2 (échantillon Or4650) en fonction de 1/kT. En extrapolant la courbe à 1/kT = 0, on obtient* $\tau_{nrad}^{\infty} = 0,016\,ps \pm 0,05\,ps$.

On obtient $\tau_{nrad}^{\infty} = 0,016\,ps \pm 0,05\,ps$.

De même R_2 est le taux de recombinaisons radiatives des porteurs dans la transition fondamentale des boîtes quantiques de la pop.2. Nous avons supposé ce taux indépendant de la température, et donc égal à l'inverse du temps de déclin τ_{rad} des porteurs à basse température. Nous avions mesuré $\tau_{rad} = 720$ ps (figure IV-2). On obtient donc

$$a_2 = \frac{1\big/\tau_{nrad}^{\infty}}{1\big/\tau_{rad}} = 4,5\cdot10^4.$$

Enfin dans l'hypothèse où $R_1 \approx R_2$, on a :

$$A = \frac{N_2}{N_1} \approx \frac{I_2(0)}{I_1(0)} = 2,8 \text{ (rapport des intensités intégrées des pics de la figure}$$

IV-4)

Le meilleur ajustement des points de la figure IV-5-a) avec la fonction $I_1(T)$ est obtenu avec le jeux de paramètres ajustables suivant :

e_1	a_1
39,6 meV	9,5

Tab.IV-1 : Paramètres de l'ajustement des points expérimentaux de la figure IV-8

Ces paramètres permettent d'obtenir un bon accord entre les points expérimentaux et le calcul, comme le montre la figure IV-8 :

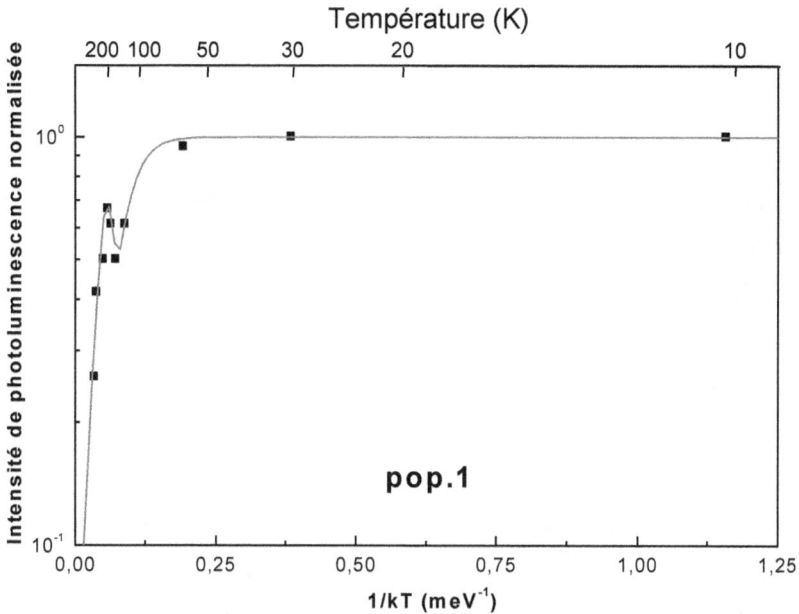

Fig.IV-8 : *Variation de l'intensité de photoluminescence du transition fondamentale de la pop.1 en fonction de 1/kT. Comparaison des points expérimentaux (carrés) et de l'ajustement (trait plein).*

L'adéquation entre le modèle et les observations expérimentales confirme l'hypothèse d'un transfert de charge thermiquement activé entre les deux populations de boîtes quantiques. Lorsqu'ils ont suffisamment d'énergie thermique, les porteurs piégés dans le niveau fondamental de la pop.2 s'en échappent pour se recombiner dans la pop.1, donnant lieu à une ré-augmentation de l'intensité de photoluminescence de la transition fondamentale de cette dernière population entre 160 et 200 K. L'intensité de photoluminescence de la pop.1 diminue cependant rapidement au delà de 200K, du fait des recombinaisons non-radiatives. L'énergie d'activation associée à ces recombinaisons non-radiatives a pu être déduite de l'ajustement des points expérimentaux : elle vaut environ 40 meV.

Cette valeur est trop faible pour refléter l'échappement thermique des porteurs hors des îlots, et traduit donc la présence de centres de recombinaison non-radiatifs à proximité immédiate des boîtes quantiques de la pop.1. Quelques publications font état de la présence de ce type de défauts[19,20], qui pourrait être associée à la formation des îlots[21]. La réduction de l'intensité de photoluminescence des îlots de la pop.1 n'est probablement pas associée à la présence de défauts ponctuels liée à la faible température de croissance (lacunes, impuretés incorporées) : ces défauts affecteraient également la pop.2. De tels défauts sont sans aucun doute présents dans l'échantillon, mais ne sont pas uniquement localisés à proximité immédiate des boîtes quantiques. Par contre, comme nous l'avons montré au chapitre II, les îlots de la pop.1 passent par un état de relaxation plastique avant de redevenir cohérents suite au dépôt de la couche de GaAs d'encapsulation. La présence de zones disloquées (mal « dé- relaxées ») indiscernables en MET à proximité de ces îlots n'est donc pas impossible (et notamment à leur base, où l'on sait que le champ de contrainte est très intense, voir le chapitre I).

De plus, l'énergie d'activation des recombinaisons non-radiatives de 180 meV estimée pour les îlots de la pop.2 semble bien correspondre à l'énergie de confinement des électrons ou des trous dans les îlots. Lorsque l'énergie thermique est suffisante, les porteurs s'échappent du potentiel confinant et se recombinent sur des centres non-radiatifs situés hors des boîtes quantiques de la pop.2. Ces défauts peuvent être des défauts ponctuels incorporés à basse température de croissance, mais peuvent également être les boîtes quantiques de la pop.1, dont l'efficacité radiative est médiocre. Nous avons par ailleurs mesuré un temps de déclin de la photoluminescence à température ambiante de 130 ps pour un échantillon ne contenant que les îlots de la pop.2 (plan de boîtes quantiques épitaxié à 530°C). Cette valeur, deux fois plus élevée que celle rapportée à la section IV-1-3 pour un échantillon contenant deux populations de boîtes quantiques, montre que les îlots de la pop.1 participent à la dégradation du rendement de photoluminescence des îlots de la pop.2 à température ambiante. Cependant, d'autres centres de recombinaison non-radiative réduisent également la durée de vie des porteurs dans les boîtes quantiques de la pop.2 à température ambiante, et la croissance à basse température favorise sans aucun doute l'incorporation de défauts ponctuels.

La présence de défauts structuraux dans les échantillons affectent donc la photoluminescence des deux populations de boîtes quantiques.

Pour la pop.1, les recombinaisons non-radiatives , dont l'énergie d'activation est faible (40 meV), semblent résulter de la présence de zone « mal dé-relaxées » à proximité immédiate des îlots (voir le chapitre II).

Pour la pop.2, l'énergie d'activation des recombinaisons non-radiatives est plus forte, et correspond à l'énergie de confinement des porteurs dans les îlots. Les porteurs s'échappent des boîtes quantiques lorsque ils ont assez d'énergie thermique. Une partie d'entre eux se recombinent alors sur des défauts ponctuels de la couche mouillage, dont la présence est vraisemblablement liée à la faible température de croissance (voir le chapitre I) des îlots. D'autres sont piégés dans les boîtes quantiques de la pop.1, où ils se recombinent de manière essentiellement non-radiative à température ambiante. Ainsi la présence de la pop.1 réduit le rendement de photoluminescence des îlots de la pop.2 : la durée de vie des porteurs à température ambiante dans le niveau fondamental des boîtes quantiques de la pop.2 vaut 65 ps dans une configuration bimodale, et 130 ps dans une configuration monomodale.

IV-3 Saturation de la luminescence des boîtes quantiques

Comme précisé en introduction de ce chapitre, le nombre fini d'états disponibles dans les niveaux confinés d'une boîte quantique conduit à un comportement caractéristique de la luminescence d'un ensemble d'îlots : elle sature à forte injection, quand l'ensemble des états disponibles pour les porteurs est occupé. Ce comportement rend particulièrement difficile la réalisation de lasers : en effet le gain d'un laser à boîtes quantiques est proportionnel à la fonction d'occupation des niveaux confinés, qui prend elle même des valeurs discrètes et finies[4]. Il sature comme la luminescence, lorsque tous les états des boîtes quantiques sont occupés.

Dans ce paragraphe nous illustrons ce phénomène de saturation en présentant des expériences de luminescence à 300 K en fonction de la densité de courant injecté. Notre banc de photoluminescence ne nous permettant pas d'exciter suffisamment de porteurs pour saturer les niveaux des boîtes quantiques, nous avons étudié des structures pour pompage électrique.

IV-3-1 Résultats expérimentaux

Les expériences ont été réalisées sur une structure laser dopée (échantillon Or4736). Les facettes de la diodes ont été volontairement endommagées pour éviter la génération de photons par émission stimulée. L'échantillon contient cinq plans de boîtes quantiques avec un élargissement inhomogène monomodal (température de croissance des boîtes quantiques : 530°C). La densité d'îlots par plan est de 3.10^9 cm^{-2}.

Nous avons étudié l'évolution de l'intensité intégrée de l'électroluminescence de la transition fondamentale et des deux premières transitions excitées des boîtes quantiques quand la densité de courant injecté dans la structure augmente. Pour chaque densité de courant, le spectre a été déconvolué en gaussiennes comme indiqué sur la figure IV-9.

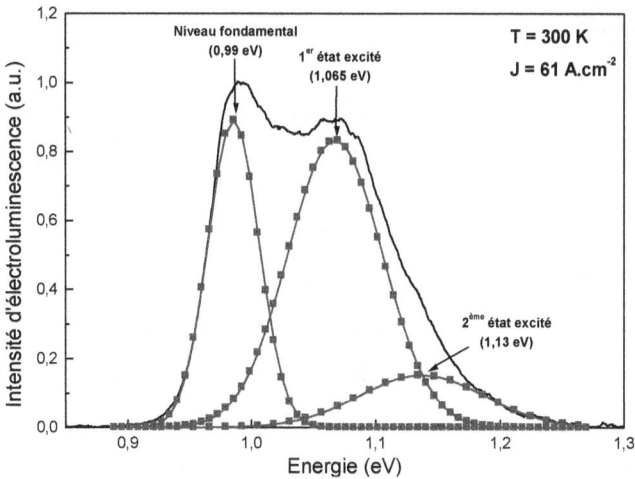

Fig.IV-9 : *Spectre d'électroluminescence à 300 K de l'échantillon Or4736 pour une densité de courant injecté de 60 A.cm^{-2}. Les pics correspondant à la transition fondamentale et aux deux premières transitions excitées des boîtes quantiques sont déconvolués en gaussiennes (carrés).*

L'intensité intégrée d'électroluminescence de la transition fondamentale et des deux premières transitions excitées des boîtes quantiques est portée en fonction de la densité de courant injecté sur la figure IV-10.

203

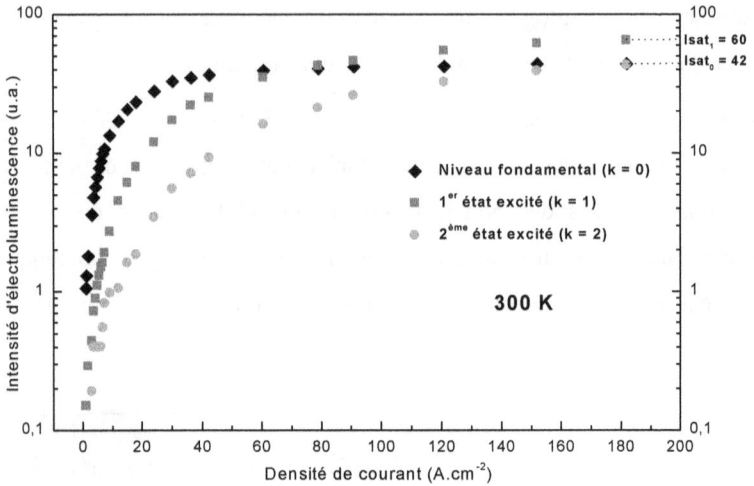

Fig.IV-10 : *Intensité intégrée d'électroluminescence de la transition fondamentale (losanges) et des deux premières transitions excitées (carrés et ronds) des boîtes quantiques de l'échantillon Or4736 en fonction de la densité de courant injecté à 300 K.*

Il apparaît clairement sur cette figure que l'électroluminescence de la transition fondamentale sature lorsque la densité de courant injecté est supérieure à 40 A.cm^{-2}. L'intensité de saturation en unité arbitraire vaut environ 42. L'intensité de la première transition excitée sature également au delà d'environ 100 A.cm^{-2}. L'intensité de saturation vaut environ 60. La variation de l'intensité de la deuxième transition excitée présente également un comportement de saturation au-delà de 140 A.cm^{-2}. Notons que l'intensité intégrée d'électroluminescence de la première transition excitée sature à une valeur supérieure à la valeur de l'intensité de saturation de la transition fondamentale.

204

IV-3-2 Intensité de saturation et dégénérescence des niveaux confinés

Le rapport entre les intensités de saturation des différentes transitions dépend de de leur rendement d'émission spontanée, et de la dégénérescence des niveaux confinés correspondants. Ainsi si d_i, r_i et $Isat_i$ désignent respectivement la dégénérescence du $i^{ème}$ niveau confiné, le rendement d'émission spontanée et l'intensité de saturation de la $i^{ème}$ transition excitée, on a :

$$\frac{Isat_{i+1}}{Isat_i} = \frac{d_{i+1}}{d_i} \cdot \frac{r_{i+1}}{r_i}$$

En particulier pour la transition fondamentale et la première transition excitée, on obtient pour $J = 180$ A.cm^{-2} (voir la figure IV-10) :

$$1,4 = \frac{d_1}{d_0} \cdot \frac{r_1}{r_0}$$

Ainsi la comparaison des intensités saturées ne permet pas de conclure quant à la dégénérescence des niveaux confinés, d'autant qu'à température ambiante, l'échappement thermique des porteurs hors des îlots n'est pas négligeable comme nous l'avons montré dans la section IV-2-2. Or le confinement des porteurs est plus faible sur les états excités que sur le niveau fondamental, et par conséquent la durée de vie (essentiellement non-radiative à 300K) et le rendement d'émission spontanée sont vraisemblablement plus faibles pour les transitions excitées que pour la transition fondamentale. En outre, comme nous l'avons signalé dans le paragraphe précédent, la fonction d'onde d'un électron ou d'un trou du premier état excité d'une boîte quantique s'étend plus loin à l'extérieur de l'îlot que celle d'un porteur piégé dans le niveau fondamental[15], le rendant plus sensible à d'éventuels centres non-radiatifs situés à proximité de la boîte.

Une analyse plus précise des données de la figure IV-10 est donc nécessaire pour pouvoir conclure quant à la dégénérescence des différents niveaux confinés et au rendement d'émission spontanée des transitions correspondantes. Notons d'ores et déjà que la dégénérescence du premier état excité est selon toute vraisemblance supérieure à celle du niveau fondamental. En effet pour les raisons mentionnées plus haut, le rendement d'émission spontanée de la première transition excitée est plus faible que celui de la transition fondamentale, et son intensité de saturation est cependant plus forte.

IV-3-3 Calcul des taux d'émission spontanée des transitions en fonction de la densité de porteurs injectés

Nous nous sommes inspirés d'un article de Grundmann et Bimberg[22] pour calculer le taux d'émission spontanée des boîtes quantiques de l'échantillon présenté ci-dessus en fonction de la densité de courant injecté. Nous considérons un ensemble de N_d boîtes quantiques identiques présentant chacune L niveaux confinés (k = 0 ....L-1), et nous supposons que la dégénérescence du $k^{ème}$ niveau confiné est 2.(k+1). Ainsi une boîte

quantique peut au maximum contenir $\sum_{k=0}^{L-1} 2 \cdot (k+1) = L \cdot (L+1)$ porteurs[i]
lorsque tous les états confinés sont remplis. Les porteurs sont capturés dans les différents niveaux des boîtes quantiques avec un temps de capture par boîte t_{c0}, supposé égal pour tous les niveaux confinés. t_{c0} se déduit du paramètre τ_{relax} mesuré dans la section IV-1-2 par la relation : $\tau_{relax} = t_{c0}/N_d$. La durée de vie totale des porteurs dans le $k^{ème}$ niveau confiné est notée t_k ($1/t_k = 1/\tau_{rad} + 1/\tau_{nrad}$ avec les notations de la section IV-1-3).

Nous considérons également la présence d'une couche de mouillage dans laquelle les porteurs sont injectés à un taux G (le nombre de porteurs disponibles est noté N_p), et où ils se recombinent (radiativement ou non) avec un temps caractéristique t_{CM}. Enfin nous notons k(n) le numéro du dernier état occupé dans une boîte quantique contenant n porteurs, et $n_e(n)$ le nombre de porteurs sur le dernier niveau occupé d'une boîte quantique contenant au total n porteurs.

Dans l'hypothèse où les porteurs relaxent immédiatement (avec un temps nul) dans le niveau non rempli de plus basse énergie, et en excluant toute excitation thermique des porteurs d'un niveau d'une boîte quantique vers le niveau supérieur, le nombre N_n de boîtes quantiques contenant n porteurs est donné par :

$$\frac{dN_n}{dt} = n_e(n+1) \cdot \frac{N_{n+1}}{t_{k(n+1)}} + N_{n-1} \cdot \frac{N_p}{t_{c0}} - n_e(n) \cdot \frac{N_n}{t_{k(n)}} - N_n \cdot \frac{N_p}{t_{c0}}$$

---

[i] Le terme porteur désigne ici indifféremment les trous ou les électrons. On fait l'hypothèse que les îlots contiennent autant d'électrons que de trous et sont donc électriquement neutres.

où $N_n \cdot \dfrac{N_p}{t_{c0}}$ est le nombre de boîtes quantiques par seconde contenant n

porteurs et capturant un porteur supplémentaire provenant de la couche de

mouillage, et $n_e(n) \cdot \dfrac{N_n}{t_{k(n)}}$ est le nombre de boîtes quantiques par seconde

contenant n porteurs et en perdant un par recombinaison radiative ou non –

radiative. Pour n = 0 et n = L.(L+1), on a :

$$\frac{dN_0}{dt} = \frac{N_1}{t_{k(1)}} - \frac{N_p}{t_{c0}} \cdot N_0$$

$$\frac{dN_{L \cdot (L+1)}}{dt} = N_{L \cdot (L+1)-1} \cdot \frac{N_p}{t_{c0}} - n_e(L \cdot (L+1)) \cdot \frac{N_{L \cdot (L+1)}}{t_{k(L \cdot (L+1))}}$$

En régime stationnaire, le nombre de boîtes quantiques contenant n

porteurs est indépendant du temps, et on obtient ainsi un système linéaire

de L.(L+1)+1 équations que l'on peut résoudre analytiquement par

récurrence. En posant $a_n = \dfrac{t_{k(n)}}{t_{c0}}$ il vient :

$$N_n = \left(\prod_{i=1}^{n} \frac{a_i}{n_e(i)} \right) \cdot N_p^n \cdot N_0 \quad (0 \le n \le L \cdot (L+1))$$

en outre la relation $\displaystyle\sum_{n=0}^{L \cdot (L+1)} N_n = N_d$ permet de calculer N_0. Enfin pour la couche

de mouillage on a en régime stationnaire :

$$G = \frac{N_p}{t_{CM}} + \sum_{i=0}^{L \cdot (L+1)} \frac{N_p}{t_{c0}} \cdot N_i \,, \quad \text{soit} \quad N_p = \frac{G}{\dfrac{1}{t_{CM}} + \dfrac{N_d}{t_{c0}}} \,.$$

Le taux d'émission spontanée R_k de la $k^{ème}$ transition se déduit des valeurs de N_n et du rendement d'émission spontanée r_k du niveau par la relation :

$$R_k = r_k \cdot \left(\sum_{i=nplein(k-1)+1}^{nplein(k)} n_e(i) \cdot N_i + 2 \cdot (k+1) \cdot \sum_{i=nplein(k)+1}^{nplein(L-1)} N_i \right) \text{ pour } 0 \le k \le L-2$$

$$R_{L-1} = r_{L-1} \cdot \sum_{i=nplein(L-2)+1}^{nplein(L-1)} n_e(i) \cdot N_i \text{ pour k = L-1}$$

où nplein(k) désigne le nombre de porteurs contenus dans une boîte quantique dont le $k^{ème}$ niveau est plein.

Nous avons ajusté à l'aide de ce modèle les points expérimentaux de la figure IV-10. La courbe calculée et les points expérimentaux sont comparés sur la figure IV-11.

Pour ce faire, nous avons estimé le taux d'injection des porteurs dans les boîtes quantiques en tenant compte des pertes dans les barrières d'AlGaAs et de GaAs. Pour J = 79,5 A.cm^{-2}, le niveau fondamental est saturé, et l'intensité d'électroluminescence de la première transition excitée est égale à celle de la transition fondamentale, et deux fois plus forte que celle de la deuxième transition excitée. En ce point on injecte donc effectivement dans les îlots $2 \cdot N_d \cdot \left(\dfrac{1}{t_0} + \dfrac{1}{t_1} + \dfrac{1}{2 \cdot t_2} \right)$ porteurs par seconde. L'échelle indiquée sur

la figure IV-11 a été calculée à l'aide de cette équation.

Le modèle calcule simultanément les intensités de toutes les transitions confinées des boîtes quantiques en fonction de l'injection. L'intensité saturée de la transition fondamentale a été normalisée pour être égale à 42 (intensité saturée expérimentale en unité arbitraire), et les intensités saturées des autres transitions confinées sont calculées relativement à celle de la transition fondamentale, sans normalisation. L'ajustement présenté sur la figure IV-11 a été obtenu avec le jeu de paramètres suivant :

	L	2
Paramètres fixés	N_d	$1{,}5.10^{10}$ cm^{-2} = $5{\times}3.10^9$ cm^{-2}
	t_0	130 ps
	t_c	50 ps
	r_0	1
	r_1	0,7
Paramètres ajustés	t_1	70 ps
	t_2	35 ps
	t_{CM}	0,45 ns
	r_2	0,5

Tab.IV-2 : Paramètres de l'ajustement des points expérimentaux de la figure IV-11

Seuls les paramètres t_1, t_2, t_{CM} et r_2 ont été ajustés. L a été déduit des spectres d'électroluminescence, N_d a été mesuré en MET (l'échantillon contient 5 plans de boîtes quantiques, et la densité par plan est de 3.10^9 cm$^-$ ^{2}), et t_0 et t_c ont été mesurés (à faible excitation, voir les sections IV-1-2 et IV-2-2) en photoluminescence résolue en temps. La valeur de r_0 a été arbitrairement fixée à 1, et r_1 a été déduit du rapport des intensités de saturation entre la première transition excitée et la transition fondamentale, dans l'hypothèse d'une dégénérescence égale à 2.(k+1) pour le $k^{\text{ème}}$ niveau confiné.

Le jeu de paramètres présenté dans la tableau 5-2 permet d'obtenir un assez bon accord entre les résultats expérimentaux et le calcul pour la transition fondamentale et la première transition excitée, comme le montre la figure IV-11.

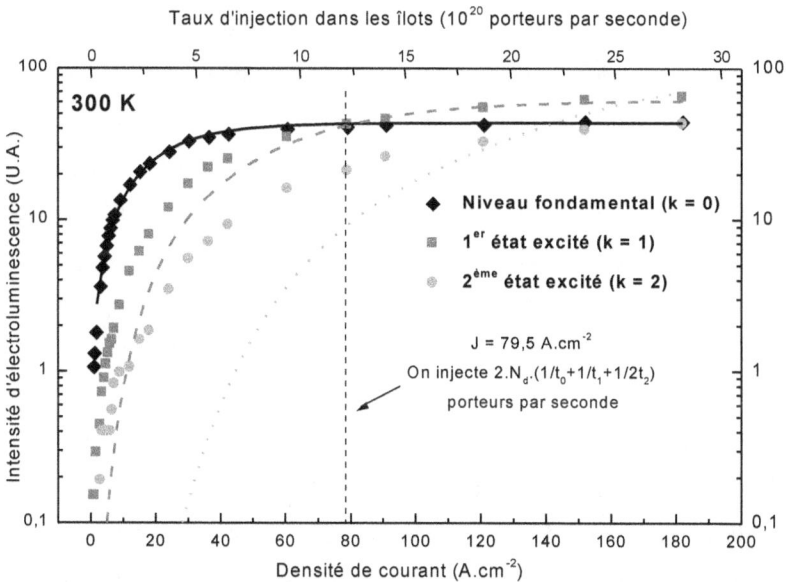

Fig.IV-11 : *Ajustement des points expérimentaux de la figure IV-10 avec le modèle. En trait plein : intensité calculée de la transition fondamentale, en tirets : intensité calculée de la première transition excitée et en pointillés : intensité calculée de la deuxième transition excitée.*

Ceci tend à confirmer que la dégénérescence du $k^{ème}$ niveau confiné vaut bien 2.(k+1), comme rapporté dans la littérature pour ce type de boîtes quantiques (voir l'introduction du chapitre). En outre les porteurs piégés dans les états excités présentent une durée de vie (essentiellement non–radiative à 300K) inférieure à ceux piégés dans le niveau fondamental. Le rendement d'émission spontanée des transitions excitées est donc inférieur à celui de la transition fondamentale, comme nous l'avions prévu à la section IV-3-2.

Enfin l'intensité d'électroluminescence des transitions excitées augmente à plus faible excitation que ce que prévoit notre modèle. La différence, assez faible pour la première transition excitée, est très importante pour la deuxième. Nous l'attribuons au transfert thermiquement activé de porteurs des niveaux de basse énergie vers les niveaux de plus haute énergie (dont nous ne tenons pas compte dans le calcul), qui tend à peupler ces derniers à plus faible taux d'excitation. Ainsi, la différence est plus sensible pour la deuxième transition excitée, car le nombre de porteurs susceptibles d'être excités thermiquement vers lui est plus important (la dégénérescence du premier état excité vaut 4, et les quatre porteurs de ce niveau sont susceptibles d'être promus vers le deuxième état excité, alors que seuls 2 porteurs peuvent transiter par excitation thermique du niveau fondamental vers le premier état excité). Une meilleure adéquation du modèle avec les résultats expérimentaux pourrait être obtenue en tenant compte du transfert thermique des porteurs depuis les niveaux fortement confinés vers les niveaux moins confinés des îlots.

IV-4 Conclusion

Les résultats présentés dans ce chapitre permettent de mieux apprécier les potentialités de nos boîtes quantiques épitaxiées par EPVOM pour la réalisation de composants. Si le faible temps de capture des porteurs (50 ps) permet d'envisager la réalisation de composants rapides, l'efficacité des recombinaisons non-radiatives à température ambiante (τ = 65 ps pour un échantillon épitaxié à 510°C contenant deux populations de boîtes quantiques, et τ = 130 ps pour un échantillon épitaxié à 530°C contenant une population de boîtes quantiques) conduira à priori à des valeurs plus élevées du courant de transparence et donc du courant de seuil des lasers par rapport aux structures épitaxiées par EJM.

En revanche, ces faibles valeurs de durée de vie sont un avantage pour la réalisation d'absorbants saturables rapides, comme nous le verrons en conclusion du manuscrit. Nous montrerons également que la faible densité de nos boîtes quantiques ainsi que la faible durée de vie des porteurs permettent d'envisager la fabrication de sources laser à large spectre d'émission, utiles par exemple pour la réalisation de dispositifs accordables en longueur d'onde.

La configuration à une population de boîtes quantiques est plus favorable à la réalisation d'un laser. En effet d'une part le transfert de charge thermiquement activé entre les deux populations d'îlots tend à température ambiante à privilégier la recombinaison des porteurs dans les boîtes quantiques de la pop.1, dont la faible densité et les propriétés structurales (voir le chapitre II) sont rédhibitoires à l'obtention de l'effet laser. En outre, les échantillons à une population sont épitaxiés à plus haute température de croissance, et présentent donc un meilleur rendement d'émission spontanée (au détriment de la densité d'îlots, voir la section 3-1 du chapitre II).

Ainsi les composants présentés dans le chapitre suivant contiennent des plans d'îlots à une seule population de boîtes quantiques épitaxiés à 530°C, et ce bien que l'émission de la transition fondamentale de ces îlots soit centrée à 1,25 µm environ. Afin de pallier le phénomène de saturation détaillé précédemment, ces composants contiennent des empilements de plusieurs plans d'îlots. Remarquons d'ores et déjà que l'effet laser est plus facile à obtenir sur les transitions excitées des boîtes quantiques que sur leur transition fondamentale, et ce malgré leur rendement d'émission spontanée plus faible. En effet leur degré de dégénérescence est plus élevé, et leur gain optique est plus fort que celui de la transition fondamentale.

Bibliographie du chapitre IV

[1] D. Bimberg, M. Grundmann et N.N. Ledentsov
Quantum Dots Heterostructures
Wiley, 1999.

[2] K. Shum
Density of states in semiconductor nanostructures
J. Appl. Phys. **69**, 6484, (1991).

[3] G. Park, O. Shchekin, D.L. Huffaker, D.G. Deppe
Lasing from InGaAs/GaAs quantum dots with extended wavelength and well – defined harmonic – oscillator energy levels
Appl. Phys. Lett. **73**, 3351, (1998).

[4] N. Hatori, M. Sugawara, K. Mukai, Y. Nakata, H. Ishikawa
Room-temperature gain and differential gain characteristics of self-assembled InGaAs/GaAs quantum dots for 1.1–1.3 µm semiconductorlasers
Appl. Phys. Lett. **77**, 773, (2000).

[5] K. Mukai, N. Ohtsuka, H. Shoji, M. Sugawara
Emission from discrete levels in self-formed InGaAs/GaAs quantum dots by electric carrier injection: Influence of phonon bottleneck
Appl. Phys. Lett. **68**, 3013, (1996).

[6] J.Y. Marzin, J.M. Gérard, A. Izraël, D. Barrier, G. Bastard
Photoluminescence of single InAs quantum dots obtained by self-organized growth on GaAs
Phys. Rev. Lett **73**, 716, (1994).

[7] J.M. Gérard
Prospects of high - efficiency quantum boxes obtained by direct epitaxial growth
Confined electrons and photons : new physics and applications p. 347.

[8] B. Gayral, Thèse de doctorat
Modification de l'émission spontanée de boîtes quantiques semi-conductrices dans des microcavités optiques
Université de Paris VI, 2000.

[9] S. Marcinkevicius, R. Leon
Carrier capture and escape in In$_x$Ga$_{1-x}$As/GaAs quantum dots: Effects of intermixing
Phys. Rev. B **59**, 4630, (1999-I).

[10] A. Fiore, P. Borri, W. Langbein, J.M. Hvam, U. Oesterle, R. Houdré, R.P. Stanley, M. Ilegems
Time-resolved optical characterization of InAs/InGaAs quantum dots emitting at 1.3 µm

Appl. Phys. Lett. **76**, 3430, (2000).

[11] R. Ferreira, G. Bastard
Phonon-assisted capture and intradot Auger relaxation in quantum dots
Appl. Phys. Lett. **74**, 2818, (1999).

[12] G. Wang, S. Fafard, D. Leonard, J.E. Bowers, J.L. Merz, P.M. Petroff
Time-resolved optical characterization of InGaAs/GaAs quantum dots
Appl. Phys. Lett. **64**, 2815, (1994).

[13] H. Yu, S. Lycett, C. Roberts, R. Murray
Time resolved study of self-assembled InAs quantum dots
Appl. Phys. Lett. **69**, 4087, (1996).

[14] A. Markus, A. Fiore, J.D. Ganière, U. Oesterle, J.X. Chen, B. Deveaud, M. Ilegems, H. Riechert
Comparison of radiative properties of InAs quantum dots and GaInNAs quantum wells emitting around 1.3 μm
Appl. Phys. Lett. **80**, 911, (2002).

[15] B. Grandidier, Y.H. Niquet, B. Legrand, J.P. Nys, C. Priester, D. Stiévenard, J.M. Gérard, V. Thierry – Mieg
Imaging the Wave-Function Amplitudes in Cleaved Semiconductor Quantum Boxes
Phys. Rev. Lett. **85**, 1068, (2000).

[16] S. Sauvage, Thèse de doctorat
Propriétés infrarouges des boîtes quantiques semi-conductrices InAs/GaAs
Université de Paris-Sud Orsay, 1998.

[17] Y.C . Zhang, C.J. Hinag, F.Q. Liu, B. Xu, J. Wu, Y.H. Chen, D. Ding, W.H. Jinag, X.L. Ye, J.G. Wang
Thermal redistribution of photocarriers between bimodal quantum dots
J. Appl. Phys. **90**, 1973, (2001).

[18] A. Patanè, M.G. Alessi, F. Intonti, A. Polimeni, M ; Copizzi, F. Martelli, M. Geddo, A. Bosacchi, S. Franchi
Evolution of the Optical Properties of InAs/GaAs Quantum Dots for Increasing InAs Coverages
Phys. Stat. Sol. A **164**, 493, (1997).

[19] E.C. Le Ru, P.D. Siverns ; R. Murray
Luminescence enhancement from hydrogen-passivated self-assembled quantum dots
Appl. Phys. Lett. **77**, 2446, (2000).

[20] C. Lobo, N. Perret, D. Morris, J. Zou, D.J.H. Cockayne, M.B. Johnston, M. Gal, R. Leon
Carrier capture and relaxation in Stranski-Krastanow $In_xGa_{1-x}As/GaAs(311)B$ quantum dots
Phys. Rev ; B **62**, 2737, (2000-II).

[21] A.E. Belyaev, S.T. Stoddart, P.M. Martin, P.C. Main, L. Eaves, M. Henini
Positively charged defects associated with self-assembled quantum dot formation
Appl. Phys. Lett. **76**, 3570, (2000).

[22] M. Grundmann, D. Bimberg
Theory of random population for quantum dots
Phys. Rev. B **55**, 9740, (1997-II).

Chapitre V : Réalisation et étude de lasers à base de boîtes quantiques

Depuis plus d'une dizaine d'années, de nombreux groupes s'attachent à tirer parti des propriétés structurales et optiques particulières des boîtes quantiques pour la réalisation de composants. Un large spectre d'applications a été balayé, et les boîtes quantiques sont étudiées pour la réalisation de cellules solaires[1], de lasers à microdisques[2,3], de détecteurs dans le proche[4] et le moyen[5] infrarouge, ou d'amplificateurs optiques[6].

L'application la plus prometteuse et qui a motivé le travail du plus grand nombre d'équipes est la réalisation de lasers à base de boîtes quantiques. Les prévisions théoriques de Arakawa en 1982[7], puis de Asada en 1986[8] concernant le courant de seuil et le comportement en température de ces lasers ont initié un grand nombre d'études expérimentales. Depuis la réalisation par EPVOM en 1994 du premier laser à base de boîtes quantiques[9], fonctionnant à 77 K avec un seuil de 8 kA.cm^{-2}, d'importants progrès ont été réalisés, notamment concernant le système In(Ga)As/GaAs qui permet d'obtenir de l'émission à 1,3 µm (dans la deuxième fenêtre des télécommunications) sur GaAs. Ainsi l'effet laser a été obtenu à 1,3 µm avec des structures épitaxiées par EJM. Les meilleures d'entre elles présentent actuellement des densités de courant de seuil inférieures à 20 A.cm^{-2} sous injection continue à température ambiante. Des températures caractéristiques supérieures à 150 K ont été obtenues, et certains composants présentent des puissances maximales de sortie de plusieurs Watts[10]. Les références 11 et 12 proposent une revue complète et récente de l'état de l'art à ce sujet. Les progrès sont moins rapides en ce qui concerne les structures épitaxiées par EPVOM, pour des raisons que nous avons évoquées à la fin du chapitre I. Ainsi l'effet laser n'a pas encore été observé à 1,3 µm, et la plus grande longueur d'onde atteinte à 300 K avec cette méthode de croissance est 1,15 μm[13] sous injection électrique pulsée, et 1,06 μm[14] sous injection électrique continue.

La principale difficulté de la réalisation d'un laser à boîtes quantiques réside dans la limitation du gain optique d'un *ensemble* d'îlots. Ainsi même si le gain d'une structure semiconductrice cubique et de taille nanométrique est plus fort que celui d'un puits quantique[8] (un plan de boîtes quantiques présente un gain différentiel plus fort qu'un puits quantique), la dispersion en taille et en composition d'un ensemble d'îlots limite fortement son gain à une longueur d'onde donnée. En outre, et comme nous l'avons déjà signalé, la nature discrète des niveaux d'une boîte quantique conduit à une faible valeur de la densité d'états intégrée d'un ensemble d'îlots, et donc à la saturation du gain optique des différentes transitions confinées[15], à des valeurs d'autant plus fortes que la dégénérescence des niveaux correspondants est grande[16,17]. Ainsi en référence 15, les auteurs mesurent un gain saturé de 100 cm[-1] (c'est à dire un gain modal saturé de 2 cm[-1] pour un facteur de confinement typique de 0,02 (voir la section V-1-3-b)) pour la transition fondamentale d'un plan de boîtes quantiques avec une densité de 6.10^{10} cm[-2], ce qui est à peine supérieur aux pertes par absorption dans une cavité laser semiconductrice optimisée (voir la section V-1-3-c).

Cet exemple illustre la nécessité de réduire autant que faire se peut les pertes de la cavité d'un laser à boîtes quantiques. Dans une première partie, après avoir rappelé les grandeurs caractéristiques d'un laser à semiconducteur et détaillé les étapes technologiques qui mènent à la réalisation d'un laser à émission par la tranche, nous présenterons notre structure laser à puits quantique optimisée en termes de confinement optique et de pertes internes. Puis nous commenterons les résultats obtenus avec des structures laser à émission par la tranche à base de boîtes quantiques.

V-1 Optimisation de structures laser à puits quantiques émettant par la tranche

Le faible gain optique d'un ensemble de boîtes quantiques nécessite une optimisation soignée de la cavité laser dans laquelle on les insère, notamment en terme de confinement optique et de pertes internes. Comme nous le verrons dans la première section de ce paragraphe, les principales grandeurs caractérisant la qualité d'un laser à émission par la tranche ne peuvent être mesurées que si le composant lase. Ce n'était pas le cas de nos premières structures laser à boîtes quantiques, et nous avons donc mené cette optimisation avec des structures laser à base de puits quantique . Nous présentons dans la deuxième section de ce paragraphe les étapes technologiques qui mènent à la réalisation d'un laser à émission par la tranche à contact large, et dans la troisième section nous détaillons les principales étapes de l'optimisation de nos structures laser en termes de confinement optique et de pertes internes.

V-1-1 Définition et méthode expérimentale de détermination des grandeurs caractéristiques d'un laser à semiconducteur.

Un laser à puits quantique émettant par la tranche et fonctionnant en pompage électrique est constitué d'un guide d'onde d'indice fort non dopé en GaAs, entouré de deux couches d'AlGaAs dopées P et N assurant le confinement vertical des photons. Le puits quantique est placé au centre de la jonction PIN ainsi formée, et capture les porteurs injectés en polarisant la jonction via deux contacts métalliques (figure V-1). Afin d'augmenter l'efficacité des contacts (de type Schottky), on dépose de part et d'autre de la cavité des couches de GaAs (de faible énergie de bande interdite) fortement dopées P ou N. La cavité horizontale est fermée par clivage des composants. Les interfaces semiconducteur-air ainsi obtenues (facettes) présentent une réflectivité d'environ 30%.

L'essentiel des définitions et des méthodes de détermination des paramètres caractéristiques des lasers présentées dans la suite sont issues des références 18 et 19. On considèrera dans la suite un composant possèdant deux facettes clivées de réflectivités égales ($R_1 = R_2 = R$ sur la figure V-1 ci-dessous).

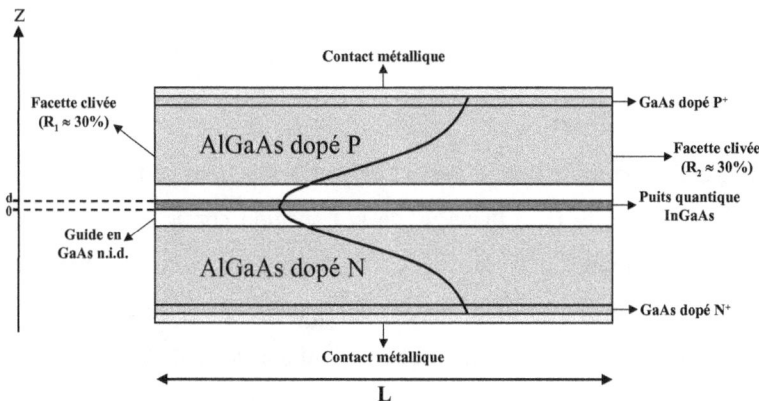

Fig.V-1 : *Schéma d'une diode laser à puits quantique dans le système GaAs.*

Lorsque on applique une densité de courant J à une telle structure, les n porteurs injectés diffusent dans les couches d'AlGaAs dopées et sont accélérés par le champ électrique intrinsèque de la zone non intentionnellement dopée (n.i.d.). Ils sont capturés dans le puits quantique et s'y recombinent de manière spontanée avec un taux R_{spon}. Chaque photon ainsi généré se propage dans le guide et peut être ré-absorbé par le puits quantique (taux d'absorption interbande R_{abs}), ou provoquer l'émission stimulée d'autres photons (taux R_{stim}) dans le même mode. Il peut également être absorbé par d'autres processus (que nous préciserons dans la suite) ou sortir de la cavité lorsqu'il atteint les facettes. Ces deux phénomènes sont respectivement quantifiés par les coefficients de pertes internes (α_i) et de pertes aux miroirs (α_m) exprimés en cm^{-1}.

La cavité présente un gain optique lorsque le nombre de photons créés par émission stimulée par aller-retour dans la cavité est supérieur au nombre de photons absorbés, soit quand $R_{stim} > R_{abs}$. On montre que cette condition est vérifiée si et seulement si

E_c - E_v > E_{trans} (relation de Bernard – Duraffourg)[20]   Eq.V-1

où E_c et E_v sont les pseudo-niveaux de Fermi d'électrons et de trous dans le puits quantique, et E_{trans} l'énergie de la transition considérée. Lorsque la densité de porteurs injectés est suffisante pour que cette condition soit vérifiée, on dit que le matériau est transparent. Si on augmente encore l'injection au-delà de la transparence, on atteint le seuil laser lorsque le gain modal du mode de la cavité pour lequel le gain optique est le plus fort devient égal aux pertes optiques :

$$\Gamma \cdot g_{seuil} = \alpha_i + \alpha_m \quad \text{Eq.V-2}$$

où

- Γ est le *facteur de confinement* c'est à dire la fraction de l'onde stationnaire qui « voit » le milieu actif. Ainsi avec les notations de la figure V-1, et en notant E(z) le champ électrique associé à cette onde,

$$\Gamma = \frac{\int_0^d |E(z)|^2 \cdot dz}{\int_{-\infty}^{+\infty} |E(z)|^2 \cdot dz} \quad \text{Eq.V-3}$$

- g_{seuil} est le gain optique du puits quantique au seuil laser (exprimé en cm^{-1}). Le produit $\Gamma.g_{seuil}$ est appelé gain modal au seuil.

- α_i est le terme de pertes optiques internes. Il représente l'ensemble des pertes de photons par absorption exceptée l'absorption interbande de la transition considérée. Les principaux mécanismes de pertes de photons sont la diffusion due à la rugosité des interfaces et l'absorption par porteurs libres dans les zones dopées[i].

- α_m représente les pertes de photons aux facettes de la cavité. On montre facilement[19] que

$$\alpha_m = \frac{1}{2 \cdot L} \cdot \ln\left(\frac{1}{R^2}\right) \quad \text{Eq.V-4}$$

avec les notations de la figure V-1.

---

[i] L'absorption par porteurs libres est un mécanisme intrabande, qui a lieu dans les zones dopées de la structure laser (couches de confinement et couches de contact).

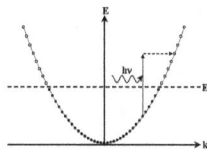

Lorsque le semiconducteur est dégénéré ou proche de la dégénérescence, des photons peuvent être absorbés à condition que le complément d'impulsion soit fourni à l'électron (ou au trou) par collision avec des phonons ou des impuretés afin que celui-ci puisse occuper un état de plus haute énergie dans la bande.

Au seuil laser, la densité de courant injecté J_{seuil} est reliée (en régime stationnaire) à la densité de porteurs n_{seuil} par l'équation :

$$\frac{J_{seuil}}{q \cdot d} = \frac{n_{seuil}}{\tau_{seuil}} \quad \text{Eq.V-5}$$

où q est la charge de l'électron, et τ_{seuil} la durée de vie totale des porteurs au seuil dans le niveau confiné concerné du puits quantique. Au delà du seuil, le gain n'augmente plus (il est « clampé[18] ») et la probabilité de recombinaison des porteurs dans la transition qui lase devient très forte, du fait de l'émission stimulée : tous les porteurs injectés sont immédiatement « consommés » par les photons, et la densité de porteurs n'augmente plus. En notant Φ la densité de photons dans le mode qui lase, on a alors :

$$\frac{J}{q \cdot d} = \frac{n_{seuil}}{\tau_{seuil}} + R_{stim} \cdot \Phi \text{ pour } J > J_{seuil} \quad \text{Eq.V-6}$$

En combinant ces deux dernières équations, on obtient :

$$\Phi = \frac{1}{R_{stim} \cdot q \cdot d} \cdot (J - J_{seuil}) . \quad \text{Eq.V-7}$$

Le gain étant clampé au-dessus du seuil, le taux d'émission stimulée n'augmente plus : il est constant. La densité de photons dans le mode qui lase, et par conséquent la puissance lumineuse de sortie P du laser varient linéairement avec le terme $(J-J_{seuil})$. Or P est donnée par

226

$P = (1/2).(énergie\ du\ photon). \Phi.(volume\ du\ mode).(taux\ d'échappement\ des\ photons)$ Eq.V-8

L'énergie du photon vaut h.υ, et pour un puits quantique d'épaisseur w, le volume du mode vaut $\dfrac{L.w.d}{\Gamma}$. De plus si v_{lum} est la vitesse de la lumière dans le matériau, alors $R_{stim} = g_{seuil}.v_{lum}$ lorsque le seuil est dépassé, et le taux d'échappement des photons hors de la cavité laser vaut $v_{lum}.\alpha_m$. Le facteur 1/2 est ajouté pour obtenir la puissance optique émise par une seule des deux facettes du laser. A l'aide de l'équation V-2, on obtient alors

$$P = \eta_i \cdot \frac{1}{2} \cdot \frac{\alpha_m}{\alpha_m + \alpha_i} \cdot \frac{h \cdot \upsilon}{q} \cdot (I - I_{seuil}) \quad \text{Eq.V-9}$$

où η_i est le *rendement quantique interne* du laser, qui représente la proportion de porteurs injectés *au-dessus du seuil* qui sont convertis en photons dans le ou les modes qui lasent. Certains porteurs peuvent en effet être perdus, par exemple si la jonction PIN fuit, où si certains d'entre eux se recombinent de manière non-radiative dans les barrières avant d'atteindre le puits quantique.

La caractéristique P(I) d'une diode laser peut donc être schématisée comme sur la figure ci-dessous :

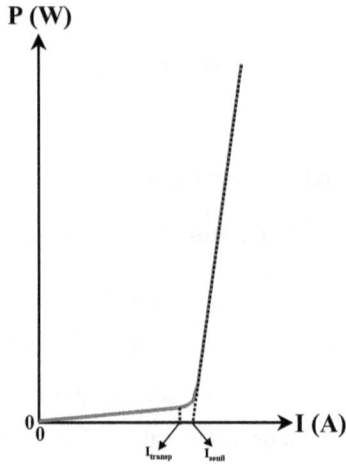

Fig.V-2 : *Représentation schématique de la caractéristique P(I) d'une diode laser.*

Lorsque $I > I_{seuil}$, la pente de la caractéristique vaut

$$\frac{dP}{dI} = \frac{1}{2} \cdot \eta_i \cdot \frac{\alpha_m}{\alpha_m + \alpha_i} \cdot \frac{h \cdot \upsilon}{q} \qquad \text{Eq.V-10}$$

soit

$$\frac{d\left(P/_{h \cdot \upsilon}\right)}{d\left(I/_{q}\right)} = \frac{1}{2} \cdot \eta_i \cdot \frac{\alpha_m}{\alpha_m + \alpha_i} = \eta_{ext} \qquad \text{Eq.V-11}$$

Le paramètre η_{ext} est appelé *rendement quantique différentiel externe par facette*. Il mesure la variation du flux de photons récupéré en sortie de la diode induite par une variation du courant injecté dans le composant. En remplaçant α_m par sa valeur donnée par l'équation V-4, on obtient :

$$\frac{1}{\eta_{ext}} = \frac{2}{\eta_i} + \frac{4 \cdot L \cdot \alpha_i}{\eta_i} \cdot \frac{1}{\ln\left(\dfrac{1}{R^2}\right)} \cdot \qquad \text{Eq.V-12}$$

Ainsi en clivant plusieurs composants de différentes longueurs, et en portant l'inverse du rendement quantique différentiel externe en fonction de la longueur de la cavité, il est possible de remonter aux pertes α_i de la cavité et au rendement quantique interne η_i. Ces deux paramètres permettent de comparer différents composants entre eux, et ainsi d'optimiser les structures laser.

En outre le logarithme du courant de seuil d'un laser à puits quantique varie linéairement avec l'inverse de la longueur L de la cavité laser[19], comme le montre la figure V-3.

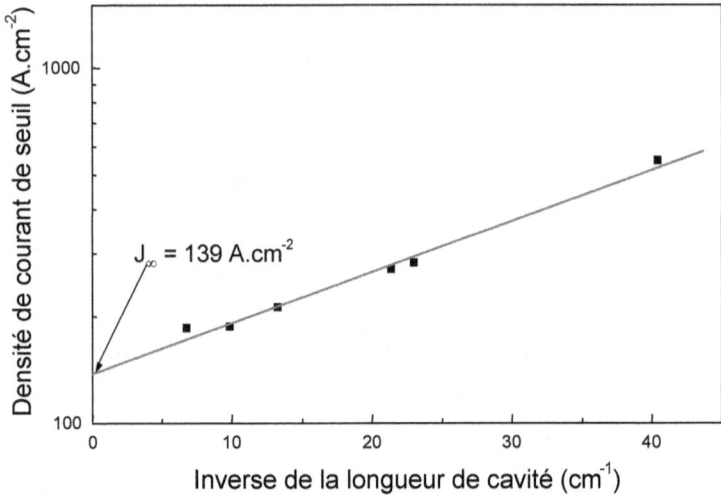

Fig.V-3 : *Variation du logarithme du courant de seuil d'un laser à puits quantique en fonction de l'inverse de la longueur de cavité*

L'extrapolation de la courbe en 1/L = 0 permet de définir la densité de courant de seuil pour une longueur de cavité infinie (J_∞). Ce dernier paramètre, indépendant de la longueur de la cavité du laser, permet de comparer différentes structures entre elles.

V-1-2 Technologie des lasers à contacts larges à émission par la tranche

Afin de mener à bien l'optimisation des lasers présentée dans la section suivante, nous avons mis au point un procédé de fabrication de lasers à contact large émettant par la tranche. Ce procédé permet la réalisation relativement simple et rapide de composants testables directement sous pointes sans avoir recours à la prise de contacts par thermocompression. Les principales étapes technologiques de la réalisation de lasers à émission par la tranche sont détaillées dans la figure ci-dessous.

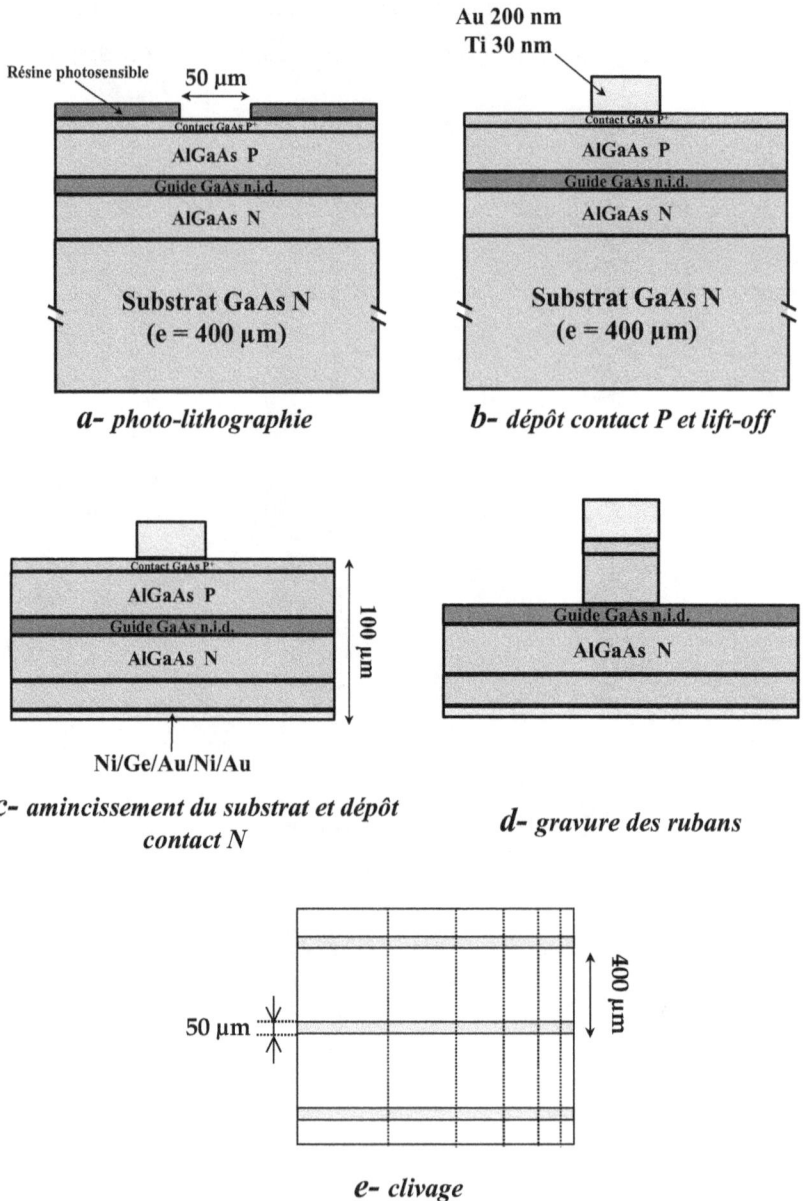

a- photo-lithographie

b- dépôt contact P et lift-off

c- amincissement du substrat et dépôt contact N

d- gravure des rubans

e- clivage

Fig.V-4 : Etapes technologiques de la réalisation d'un laser émettant par la tranche à contacts de 50 μm

- *photo-lithographie*

  Des ouvertures de 50 µm sont pratiquées dans une couche de résine photosensible (résine réversible AZ5214) par insolation UV à travers un masque et développement. Les zones non-insolées sont solubles (résine dite « négative »), ce qui permet d'obtenir des flancs en surplomb qui facilitent l'étape de lift-off.

- *dépôt du contact P et lift-off*

  Après désoxydation (solution d'acide chlorhydrique dilué à 20%), 30 nm de titane et 200 nm d'or sont déposés sur l'échantillon par pulvérisation afin de réaliser le contact P. Le titane améliore la tenue mécanique de l'or sur le semiconducteur. L'échantillon est ensuite plongé dans un bain d'acétone pure afin d'effectuer le lift-off : la résine est dissoute, et il ne reste ensuite que les rubans métalliques de 50 µm de large.

- *amincissement du substrat et dépôt du contact N*

  L'échantillon est ensuite collé à la cire sur une cale (côté N libre), et aminci mécaniquement à la poudre d'alumine jusqu'à 150 µm. Puis il est poli à l'aide d'une solution de brome-méthanol jusqu'à environ 100 µm. Cette étape d'amincissement est nécessaire pour faciliter le clivage des puces. On dépose ensuite par pulvérisation 10 nm de nickel, 60 nm de germanium, 120 nm d'or, 20 nm de nickel et 200 nm d'or pour former le contact N. Ce contact est ensuite recuit (à 400°C pendant 1 min sous argon hydrogéné) afin que le germanium et l'or interdiffusent pour former un eutectique de faible résistivité. Le nickel sert de barrière pour la diffusion, du côté de l'échantillon et du côté de la couche d'or en surface. La qualité de la surface polie avant le dépôt métallique est critique pour la réalisation d'un bon contact.

- *gravure des rubans*

On procède ensuite à la gravure de tranchées entre les rubans métalliques. Pour ce faire, l'échantillon est plongé dans une solution d'acide ortho-phosphorique et d'eau oxygénée ($H_3PO_4/H_2O_2/H_2O$: 3/1/80) qui grave de manière non-sélective le GaAs et l'AlGaAs à une vitesse d'environ 50 nm.min^{-1}. L'échantillon est gravé jusqu'au guide de GaAs exclu (voir la section suivante), afin de localiser l'injection électrique sous les rubans métalliques (les puces ne sont pas clivées parallèlement aux rubans).

- *clivage*

Des barrettes de différentes longueurs (entre 100 et 1500 µm) sont ensuite clivées, afin de pouvoir procéder à la mesure des pertes internes et du rendement quantique interne comme indiqué dans le paragraphe précédent. Le clivage doit être soigneusement réalisé afin d'obtenir des facettes parfaitement miroir (clivées selon un plan cristallin). Rappelons que les pertes aux facettes augmentent quand leur réflectivité diminue (Eq. V-4).

V-1-3 Optimisation des structures laser à puits quantique

Comme nous l'avons déjà signalé en introduction de ce chapitre, le gain optique d'un ensemble de boîtes quantiques est plus faible que celui d'un puits quantique. En vertu de l'équation V-2, obtenir l'effet laser d'une structure à base de boîtes quantiques nécessite donc d'augmenter le facteur de confinement, et de réduire autant que faire se peut les pertes optiques dans la cavité laser. Ce dernier paramètre n'étant mesurable que si le composant lase, nous avons donc étudié des structures laser contenant un puits quantique. Afin de se rapprocher autant que possible de la longueur d'onde d'émission des boîtes quantiques, ces lasers émettent autour de 1,17 µm. En outre les cavités qui les contiennent ont été épitaxiées dans les mêmes conditions que les cavités des lasers à boîtes quantiques. En particulier, les procédures d'arrêt de croissance sous arsine, de descente et de remontée en température ont été effectuées comme indiqué sur la figure I-11 du chapitre I. Les puits quantiques ainsi qu'une partie des barrières en GaAs ont ainsi été épitaxiés à basse température (490°C).

V-1-3-a Profondeur de la gravure

La gravure du semiconducteur entre les rubans métalliques est nécessaire pour localiser l'injection électrique dans les diodes. La profondeur de la gravure doit être suffisante pour éviter la diffusion latérale des porteurs (en particulier la couche de contact en GaAs fortement dopé P doit être intégralement retirée), mais il faut également éviter un recouvrement trop important entre l'onde stationnaire (dont l'intensité est maximale au milieu du guide en GaAs) et les flancs de gravure dont la rugosité favorise la diffusion des photons.

Afin de déterminer la profondeur de gravure optimale, nous avons caractérisé des composants issus de la même structure épitaxiée et gravés jusqu'à différentes profondeurs E_{grav}. La structure est constituée d'un guide en GaAs de 290 nm (voir la section V-1-3-b de ce chapitre) entourée de deux couches de confinement optique en $Al_{0,3}Ga_{0,7}As$ de 1,1 µm d'épaisseur. La couche supérieure est dopée P = 10^{18} cm^{-3}, et la couche inférieure est dopée N = 2.10^{18} cm^{-3}. La couche de contact supérieure en GaAs est dopée P = 2.10^{19} cm^{-3}. Cinq échantillons ont été étudiés :

- Echantillon A : non gravé

- Echantillon B : E_{grav} = 185 nm (contact P gravé)

- Echantillon C : E_{grav} = 1,285 µm (contact P et AlGaAs dopé P gravés)

- Echantillon D : E_{grav} = 1,43 µm (contact P, AlGaAs dopé P et ½ guide optique gravés)

- Echantillon E : E_{grav} = 2,7 µm (structure entièrement gravée)

Les valeurs de la densité de courant de seuil pour une cavité infinie, du rendement quantique interne et des pertes internes sont portées sur la figure V-5 en fonction de la profondeur de gravure.

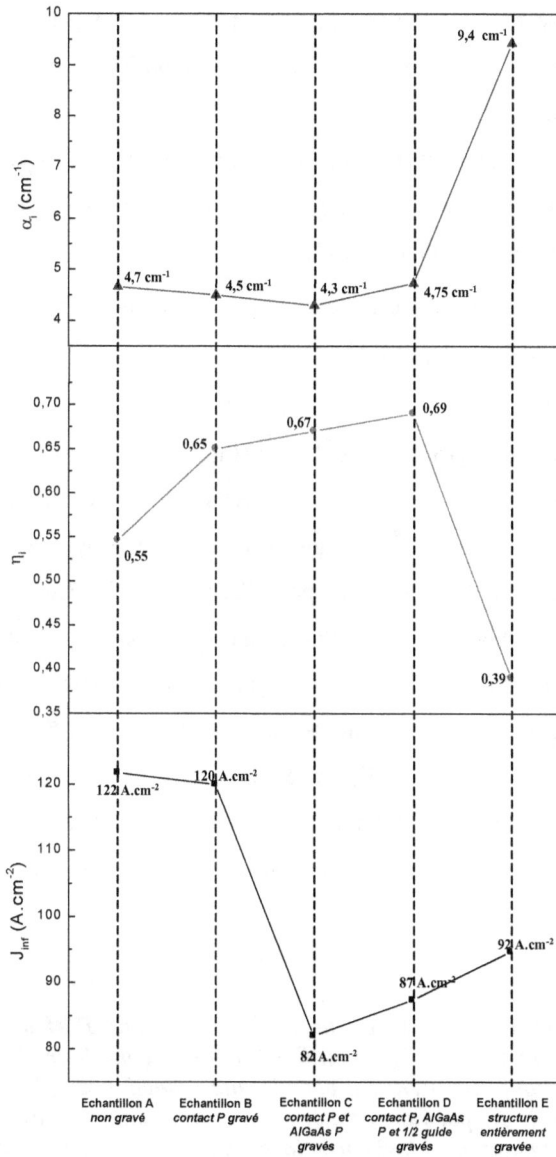

Fig.V-5 : *Courant de seuil à longueur de cavité infinie (J$_{inf}$), rendement interne (η$_i$) et pertes internes (α$_i$) des composants en fonction de la profondeur de la gravure.*

La gravure de la couche de contact fortement dopée P induit une augmentation du rendement interne de l'échantillon B par rapport à celui de l'échantillon A. Cette augmentation est due à une meilleure isolation électrique de la jonction PIN liée à la limitation des fuites latérales des porteurs. Elle se traduit par une légère réduction de la densité de courant de seuil à longueur de cavité infinie (J_{inf}).

L'efficacité de l'injection est encore augmentée en gravant le contact P et la couche d'AlGaAs dopée P : la valeur de J_{inf} est réduite à 82 A.cm^{-2} pour l'échantillon C.

Une gravure plus profonde de la structure entraîne une augmentation significative de J_{inf} (87 A.cm^{-2} pour l'échantillon D et 92 A.cm^{-2} pour l'échantillon E) corrélée à une augmentation des pertes internes (4,75 cm^{-1} pour l'échantillon D et 9,4 cm^{-1} pour l'échantillon E). Ceci est du à la diffusion des photons sur les flancs gravés : lorsque la profondeur de gravure est trop importante, les flancs gravés sont en effet très proches de la zone de guidage où l'intensité de l'onde stationnaire est très importante. En outre pour l'échantillon E, gravé sur toute l'épaisseur de la structure laser, on constate une forte diminution du rendement interne. Elle est due à la recombinaison non-radiative des porteurs sur les états de surface des flancs gravés.

La gravure de la couche de contact dopée P et de la couche d'AlGaAs (échantillon C) donne donc le meilleur résultat : elle permet d'obtenir une réduction de plus de 30% de J_{inf} par rapport au cas du composant non gravé en permettant une meilleure localisation de l'injection des porteurs. Dans cette configuration, le guide optique en GaAs n'est pas gravé, ce qui permet d'éviter les pertes de photons par diffusion et les recombinaisons non-radiatives

de porteurs sur les états de surface des flancs de gravure.
Les lasers à puits quantiques de la section V-1-3-c ainsi
que les lasers à boîtes quantiques présentés dans la suite
ont donc été réalisés en gravant la couche de contact et la
couche d'AlGaAs dopées P.

V-1-3-b Confinement optique dans le puits quantique

L'épaisseur du guide optique en GaAs a été calculée pour maximiser le facteur de confinement Γ. Pour ce faire nous avons utilisé un logiciel de calcul de propagation en onde guidée. La composition en aluminium des couches de confinement a été fixée à 30%, et la structure simulée est la suivante (figure V-6) :

GaAs
n = 3,407
e variable

Air	Al$_{0,3}$Ga$_{0,7}$As	Al$_{0,3}$Ga$_{0,7}$As	Air
n = 1	n = 3,247	n = 3,247	n = 1
e = ∞	e = 1,5 µm	e = 1,5 µm	e = ∞

y

x ⊗ → z   Puits quantique
(7 nm)

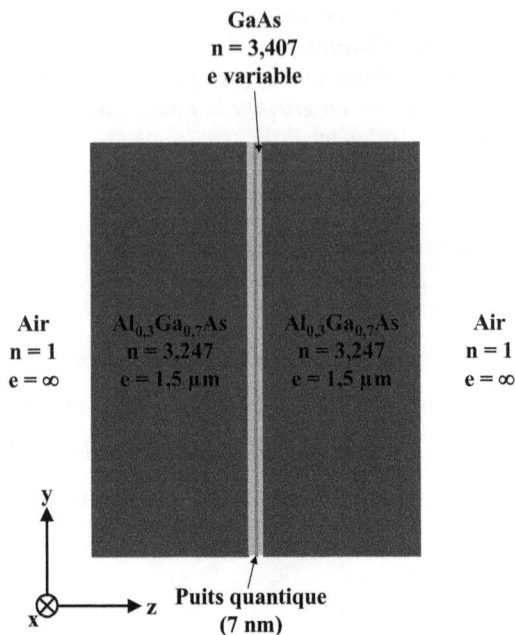

Fig.V-6 : *Structure simulée pour le calcul du facteur de confinement dans le puits quantique*

Les indices optiques ont été pris dans la littérature (pour des couches non dopées), et la structure est infinie dans les directions x et y (les dimensions des composants réels dans ces deux directions sont trop grandes pour réaliser un guidage optique). Nous avons négligé l'influence de la présence du puits quantique sur l'indice effectif de la structure, son épaisseur étant très faible (7 nm) devant celle du guide en GaAs (entre 100 et 400 nm). Le facteur de confinement dans le puits quantique est porté en fonction de l'épaisseur du guide de GaAs sur la figure V-7.

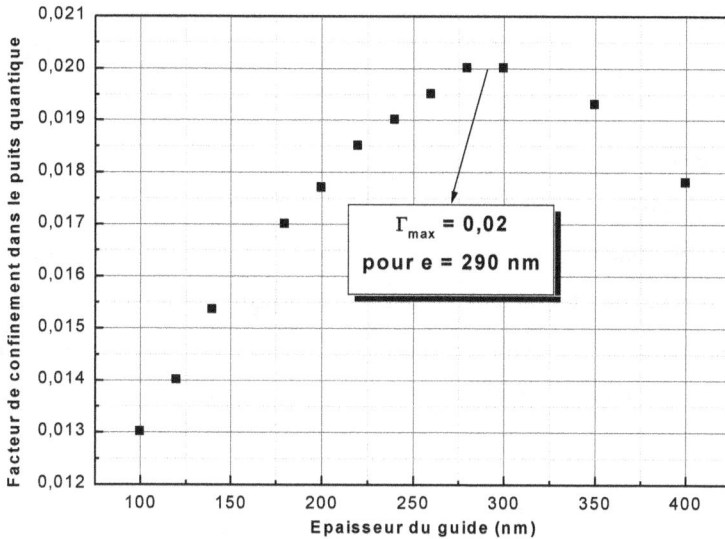

Fig.V-7 : *Facteur de confinement dans le puits quantique calculé dans la configuration de la figure V-6 en fonction de l'épaisseur du guide optique en GaAs.*

Comme le montre la figure V-7, le facteur de confinement dans le puits quantique est maximum lorsque l'épaisseur du guide est de 290 nm. Il vaut alors 0,02. Toutes les structures présentées dans la suite possèdent donc un guide optique dont l'épaisseur vaut 290 nm, entouré de deux couches de confinement en $Al_{0,3}Ga_{0,7}As$.

V-1-3-c Réduction des pertes internes

Afin de réduire les pertes internes de nos structures laser, nous avons étudié l'influence du dopage. Les structures sont épitaxiées sur un substrat de GaAs dopé N à 5.10^{18} cm^{-3}. La couche de contact N en GaAs est dopée au silicium à 5.10^{18} cm^{-3}, et la couche de confinement en Al$_{0,3}$Ga$_{0,7}$As est également dopée au silicium à 2.10^{18} cm^{-3}. Le dopage P a été réalisé par incorporation de zinc.

Cet élément est connu pour sa tendance à diffuser dans les structures[21]. De plus, le dopage P induit une absorption par porteurs libres bien plus importante que le dopage N[22]. Nous avons donc choisi de concentrer nos efforts sur l'optimisation du dopage P. En outre nous avons choisi de maintenir un dopage élevé de 2.10^{19} cm^{-3} pour la couche de contact en GaAs du côté P, afin d'éviter une trop forte augmentation de la résistance série de nos composants.

Les structures laser Or4527, Or4577, Or4671 et Or4775 sont identiques, sauf en ce qui concerne le dopage et l'épaisseur de la couche d'Al$_{0,3}$Ga$_{0,7}$As du côté P de la jonction. Les quatre composants fonctionnent sous injection électrique continue à température ambiante, mais ils ont été caractérisés sous injection pulsée afin que la mesure ne soit pas perturbée par un trop fort échauffement. Les résistances séries de toutes les diodes testées sont comprises entre 1 et 2 Ω. Le dopage et l'épaisseur des couches d'AlGaAs P, ainsi que les caractéristiques de l'émission laser de ces quatre composants sont regroupés dans le tableau ci-dessous.

Echantillon	Structure	λ	J_∞	α_i	η_i
Or4527	GaAs P⁺ = 2.10¹⁸ cm⁻³ $Al_{0,3}Ga_{0,7}As$ P = 10¹⁸ cm⁻³ e = 1,1 µm $Al_{0,3}Ga_{0,7}As$ N = 2.10¹⁸ cm⁻³ e = 1,1 µm	1,16 µm	82 A.cm⁻²	4,3 cm⁻¹	0,67
Or4577	GaAs P⁺ = 2.10¹⁸ cm⁻³ $Al_{0,3}Ga_{0,7}As$ P = 5.10¹⁷ cm⁻³ e = 1,1 µm $Al_{0,3}Ga_{0,7}As$ N = 2.10¹⁸ cm⁻³ e = 1,1 µm	1,15 µm	140 A.cm⁻²	3,7 cm⁻¹	0,51
Or4671	GaAs P⁺ = 2.10¹⁸ cm⁻³ $Al_{0,3}Ga_{0,7}As$ P = 5.10¹⁷ cm⁻³ e = 1 µm $Al_{0,3}Ga_{0,7}As$ n.i.d. e = 0,1 µm $Al_{0,3}Ga_{0,7}As$ N = 2.10¹⁸ cm⁻³ e = 1,1 µm	1,19 µm	130 A.cm⁻²	2,8 cm⁻¹	0,37
Or4775	GaAs P⁺ = 2.10¹⁸ cm⁻³ $Al_{0,3}Ga_{0,7}As$ P = 5.10¹⁷ cm⁻³ e = 1,8 µm $Al_{0,3}Ga_{0,7}As$ n.i.d. e = 0,2 µm $Al_{0,3}Ga_{0,7}As$ N = 2.10¹⁸ cm⁻³ e = 2 µm	1,19 µm	88 A.cm⁻²	1,5 cm⁻¹	0,55

Tab.V-1 : *Structure et caractéristiques de l'émission laser des échantillons Or4527, Or4577, Or4671, Or4775 à température ambiante sous injection électrique pulsée.*

Les structures Or4527 et Or4577 contiennent des couches de confinement en AlGaAs d'une épaisseur de 1,1 µm. Le dopage P de ces couches vaut 10^{18} cm⁻³ pour l'échantillon Or4527, et 5.10^{17} cm⁻³ pour l'échantillon Or 4577. La réduction du dopage P a pour effet de diminuer les pertes internes et le rendement interne des lasers. En effet elle induit une réduction de l'absorption de photons par porteurs libres. En contrepartie, l'injection des porteurs dans le puits quantique est moins efficace, ce qui implique une légère diminution du rendement interne et une augmentation de J_∞.

Afin de limiter encore l'absorption par porteurs libres, le dopage de la couche de confinement P de l'échantillon Or4671 est supprimé sur 100 nm au dessus du guide optique en GaAs. Nous obtenons ainsi une réduction des pertes internes à 2,8 cm^{-1} (alors qu'elles sont de 3,7 cm^{-1} pour l'échantillon Or4577). En revanche, le rendement interne est lui aussi fortement réduit : ceci est du à la réduction de la longueur de diffusion des porteurs à travers les zones non dopées, qui induit une diminution de l'efficacité d'injection dans le puits quantique par rapport au cas de l'échantillon Or4577.

Nous avons pu diminuer encore les pertes internes en augmentant l'épaisseur des couches de confinement en AlGaAs du côté N et du côté P, et en « écartant » encore le front de dopage P à 200 nm du guide optique (échantillon Or4775). Ainsi le recouvrement de l'onde laser avec la couche de contact P en GaAs fortement dopé est réduit. L'échantillon Or4775 présente des pertes internes de 1,5 cm^{-1}, ce qui est comparable à l'état de l'art en la matière[23,24] et un J_∞ faible de 88 A.cm^{-2}. L'augmentation de l'épaisseur des couches de confinement en AlGaAs a aussi pour effet d'améliorer le rendement interne du laser, sans pour autant retrouver la valeur de 0,67 obtenue pour l'échantillon Or4527. Nous attribuons cette augmentation du rendement interne pour l'échantillon Or4775 par rapport à l'échantillon Or4671 à une éventuelle diffusion thermiquement activée du zinc dans la couche d'AlGaAs non intentionnellement dopée, pouvant résulter de la croissance prolongée à haute température de cette couche. En effet son épaisseur est de 1,1 µm pour l'échantillon Or4671, alors qu'elle est de 2 µm pour l'échantillon Or4775. Le zinc peut donc diffuser sur une plus grande distance dans l'échantillon Or4775, ce qui peut induire un dopage plus marqué de l'AlGaAs non intentionnellement dopé de cet échantillon. Ceci peut entrainer une amélioration de l'injection des porteurs dans le puits quantique de l'échantillon Or4775, sans pour autant dégrader de manière significative les pertes internes si la diffusion du zinc reste limitée.

> *Ainsi la minimisation des pertes internes, obtenue par réduction du dopage P, se fait au détriment de l'efficacité de l'injection des porteurs dans le puits quantique et donc au détriment du rendement interne des lasers. En outre la faible température de croissance du puits quantique et d'une partie des barrières de GaAs qui l'entourent favorise probablement l'incorporation d'impuretés. La présence de ces impuretés peut induire une augmentation des recombinaisons non-radiatives dans les barrières, et ainsi réduire l'efficacité d'injection des porteurs dans le puits quantique.*

V-2 Laser à contacts large émettant par la tranche à base de boîtes quantiques

Dans le paragraphe précédent, nous nous sommes attachés à l'optimisation de structures laser émettant par la tranche contenant des puits quantiques, en termes de pertes internes et de confinement optique. Dans ce paragraphe, nous présentons une étude de l'émission de structures laser à base de boîtes quantiques. Les lasers à boîtes quantiques présentent un comportement différent de celui des lasers à puits quantiques, du fait notamment de l'inhomogénéité du gain : dans certaines conditions, un laser à boîtes quantiques se comporte comme un ensemble d'émetteurs indépendants réunis dans une même cavité.

Dans une première section, nous étudierons l'influence des valeurs relatives des largeurs homogènes et inhomogènes et de l'intervalle spectral libre de la cavité sur le comportement spectral de l'émission d'un laser. Nous verrons également dans quelles conditions un ensemble de boîtes quantiques peut être considéré comme un émetteur à gain inhomogène. Dans une deuxième section, nous présenterons quelques résultats expérimentaux rapportés dans la littérature qui mettent en évidence le caractère inhomogène du gain des boîtes quantiques. Enfin nous commenterons les résultats obtenus avec nos structures laser à boîtes quantiques en nous basant sur les développements des deux premières sections. Nous montrerons que les propriétés particulières de nos boîtes quantiques épitaxiées par EPVOM, discutées tout au long des quatre chapitres précédents, peuvent être exploitées pour la réalisation de certains composants opto-électroniques.

V-2-1 Etude du comportement spectral des lasers à gain homogène ou inhomogène

La raie d'émission correspondant à une transition atomique, ou à la recombinaison d'un électron de la bande de conduction d'un semi-conducteur avec un trou de la bande de valence présente une certaine largeur spectrale, résultat de la contribution de deux types d'élargissements : l'élargissement inhomogène et l'élargissement homogène.

L'élargissement homogène résulte de la dispersion de l'énergie de la transition due à des phénomènes tels que les interactions porteur-porteur ou porteur-phonon.

L'élargissement inhomogène quant à lui, observé dans le cas d'émetteurs « composites » (gaz atomique, verres dopés terres rares, plan de boîtes quantiques dans certaines conditions), constitués par un ensemble de systèmes émettant des photons que nous appellerons « centres », caractérise la dispersion de l'énergie de la transition liée à la différence d'énergie de transition entre les centres qui composent l'émetteur.

Nous allons voir dans cette section comment les propriétés spectrales d'un laser sont modifiées en fonction des valeurs relatives des largeurs homogène et inhomogène de l'émetteur placé dans la cavité. Nous détaillerons ensuite la dépendance à la température de la largeur homogène de la raie d'une boîte quantique isolée, puis nous verrons dans quelles conditions un ensemble de boîtes quantiques peut être considéré comme un milieu à gain inhomogène.

V-2-1-a Intervalle spectral libre, largeurs homogène et inhomogène du gain de l'émetteur et propriétés spectrales de l'émission d'un laser[25].

La cavité optique d'un laser présente un certain nombre de modes optiques, avec lesquels les photons émis sont couplés. La distance spectrale entre deux modes de cavité est appelée intervalle spectral libre (ISL)[i].

Considérons un laser à gain inhomogène. Pour comprendre la structure du spectre laser, il faut prendre en compte la largeur inhomogène du gain (W_{inh}), la largeur homogène du gain de chacun des centres qui composent l'émetteur (W_{hom}) et l'intervalle spectral libre de la cavité. Le nombre de modes de cavité qui lasent et la distance spectrale entre ces modes dépend des valeurs relatives de ces trois paramètres, comme l'indique la figure V-8.

---

[i] L'intervalle spectral libre ΔE est donné par la relation $\Delta E = \dfrac{c \cdot h}{2 \cdot n \cdot L_{cav}}$, où c est la vitesse de la lumière, h la constante de Planck, n l'indice de groupe de l'onde stationnaire se propageant dans la cavité, et L_{cav} la longueur de la cavité laser.

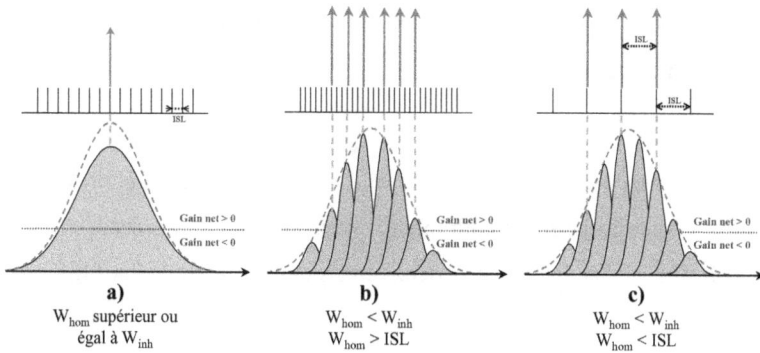

Fig.V-8 : *Illustration schématique de l'influence des valeurs relatives de la largeur homogène (W_{hom}), de la largeur inhomogène (W_{inh}) et de l'intervalle spectral libre (ISL) sur la structure du spectre d'émission d'un laser (en régime de gain non saturé). En trait plein : gain homogène de l'émetteur, et en pointillés : distribution inhomogène. Le gain net désigne la différence entre le gain modal et les pertes internes du laser.*

- Dans le cas où W_{hom} est du même ordre ou supérieur à W_{inh} (figure V-8-a)), l'émission du laser est idéalement monomode quel que soit l'ISL (si on néglige l'émission spontanée ou certains effets non-linéaires, voir la section V-2-1-c). En effet, lorsque le seuil est dépassé pour l'un des modes de la cavité (celui pour lequel le gain optique est le plus fort), le gain sature sur toute sa largeur homogène (du fait de la diminution de l'inversion de population liée à l'augmentation de la densité de photons dans la cavité), c'est à dire dans ce cas sur toute la largeur spectrale de l'émission du matériau actif. Il est donc impossible qu'un autre mode de cavité lase.

- Dans le cas où $W_{hom} < W_{inh}$ et $W_{hom} > $ ISL (figure V-8-b)), l'émission du laser est multimode : les centres dont les largeurs homogènes se recouvrent émettent des photons dans le même mode de cavité. Tous les modes pour lesquels la condition de seuil est vérifiée (équation V-2) participent à l'effet laser. L'écart spectral entre deux modes qui lasent est de l'ordre de W_{hom}.

- Enfin dans le cas où W_{hom} < W_{inh} et W_{hom} < ISL (figure V-8-c)), l'émission du laser est multimode, comme dans le cas précédent. Cette fois néanmoins, l'écart entre deux modes qui lasent est égal à l'ISL.

> *Dans le cas d'un laser à gain homogène (laser à puits quantique par exemple), le spectre d'émission est idéalement monomode comme dans le cas de la figure V-8-a) (aux effets d'émission spontanée et aux effets non-linéaires près, voir la section V-2-1-c). Pour les lasers à gain inhomogène, la structure du spectre dépend des largeurs homogène et inhomogène et de l'intervalle spectral libre.*

V-2-1-b Largeur homogène de l'émission d'une boîte quantique

Un ensemble de boîtes quantiques peut constituer, dans des conditions que nous discuterons dans la section suivante, un émetteur à gain inhomogène. Chaque boîte quantique est alors un des centres (au sens défini au début de la section V-2-1) qui composent l'émetteur. La largeur homogène de l'émission d'une boîte quantique est donc, comme nous venons de le voir, un paramètre déterminant de la structure du spectre de l'émission des lasers à boîtes quantiques. Nous présentons ici quelques résultats rapportés dans la littérature permettant d'évaluer la largeur homogène de la raie d'émission d'une boîte quantique.

Ce paramètre a pu être estimé à quelques μeV, à basse température (4K) et sous faible injection de porteurs, en microphotoluminescence[26]. Cette valeur, très faible, est attribuable au caractère discret de la densité d'états des boîtes quantiques. Lorsque le nombre de charges piégées dans la boîte augmente, ou lorsque la densité de charges présentes dans la couche de mouillage augmente, les interactions coulombiennes entre les porteurs conduisent, même à basse température, à un élargissement de la raie homogène qui peut atteindre quelques meV (10 meV en référence 26).

Des expériences de microscopie optique en champ proche (Scanning Near-field Optical Microscopy : SNOM) ont permis d'estimer la largeur homogène de la raie d'émission d'une boîte quantique à température ambiante : elle est comprise entre 10 et 20 meV[27,28]. La largeur homogène de la raie d'émission des boîtes quantiques augmente donc quand la température augmente. Ceci est dû à l'augmentation des interactions porteur-phonon et porteur-porteur. Néanmoins la nature discrète de l'énergie des phonons LO (longitudinaux optiques) rend peu probable l'interaction de ces derniers avec les porteurs piégés dans les boîtes quantiques, dont les niveaux d'énergie sont également discrets. Certains groupes se sont donc plus spécifiquement penchés sur les interactions porteur-porteur purement élastiques, et ont calculé que dans certaines conditions d'injection, elles pouvaient conduire à un élargissement homogène bien plus important que les interactions porteur-phonon[29]. Ainsi en référence 29, les auteurs calculent une valeur de 13 meV (pour une densité de porteurs libres de 10^{11} cm^{-2}) pour la largeur homogène d'une boîte quantique à température ambiante, en ne tenant compte que des interactions porteur-porteur. Cette valeur est du même ordre que celles mesurées en référence 27 et 28.

On voit donc que la largeur homogène de la raie d'émission d'une boîte quantique (entre quelques μeV et quelques meV à basse température, et jusqu'à une quinzaine de meV à température ambiante) peut être plus faible que la largeur inhomogène de la photoluminescence d'un plan de boîtes quantiques (entre 30 et 80 meV à basse température ou à température ambiante). Dans l'hypothèse ou l'élargissement homogène du gain est de l'ordre de l'élargissement homogène des raies d'émission spontanée, un laser à boîtes quantiques peut donc correspondre aux cas b) et c) de la figure V-8. Notons également que la largeur homogène de la raie d'émission d'une boîte quantique augmente quand la température augmente, quand le nombre de charges piégées dans l'îlot augmente, ou quand la densité de charges de la couche de mouillage augmente.

V-2-1-c Conditions pour qu'un laser à boîtes quantiques présente un gain inhomogène

Comme nous l'avons déjà signalé, le gain d'un puits quantique est homogène. D'après la discussion de la section V-2-1-a, le spectre d'émission d'un laser à puits quantique devrait donc être monomode. Cependant certains effets que nous ne détaillerons pas ici (émission spontanée, effets non linéaires tels que le spatial hole burning à forte injection[30]) peuvent forcer un comportement multimode.

Un plan de boîtes quantiques peut se comporter comme un milieu à gain inhomogène, à condition que les boîtes ne soient pas couplées par redistribution thermique des porteurs[31,33]. Considérons un plan de boîtes quantiques inséré dans une cavité optique.

A basse température, chaque boîte quantique se comporte comme un système indépendant comportant des pseudo-niveaux de Fermi de valence et de conduction. L'inversion de population est obtenue indépendamment dans chaque boîte quantique lorsque l'injection est suffisante pour que la condition de Bernard-Duraffourg (Eq.V-1) soit vérifiée.

Lorsque la température augmente, les porteurs thermiquement activés s'échappent hors des îlots et sont redistribués via la couche de mouillage dans les différentes boîtes quantiques. Lorsque cet effet est suffisamment efficace, on peut alors définir des pseudo-niveaux de Fermi de valence et de conduction communs à l'ensemble de la distribution de porteurs. La relation de Bernard-Duraffourg est vérifiée collectivement et le composant se comporte comme un laser à gain homogène (émission monomode).

L'efficacité de ce mécanisme de couplage dépend des propriétés des boîtes quantiques, comme l'illustre la figure V-9.

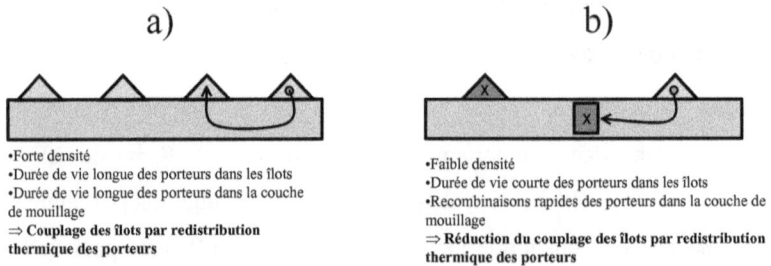

a) b)

•Forte densité
•Durée de vie longue des porteurs dans les îlots
•Durée de vie longue des porteurs dans la couche de mouillage
⇒ **Couplage des îlots par redistribution thermique des porteurs**

•Faible densité
•Durée de vie courte des porteurs dans les îlots
•Recombinaisons rapides des porteurs dans la couche de mouillage
⇒ **Réduction du couplage des îlots par redistribution thermique des porteurs**

Fig.V-9 : *a) : plan de boîtes quantiques dont les propriétés sont favorables à un couplage par redistribution thermique des porteurs. b) : plan de boîtes quantiques dont les propriétés ne sont pas favorables à un couplage par redistribution thermique des porteurs.*

Ainsi si la densité d'îlots est faible, et que les recombinaisons non-radiatives dans la couche de mouillage sont efficaces, la probabilité qu'un porteur thermiquement excité hors d'un îlot puisse atteindre un autre îlot est faible. De même à faible densité d'îlots, le temps de transfert des porteurs entre les boîtes quantiques par diffusion via la couche de mouillage peut être bien plus long que le temps de recombinaison radiative des porteurs dans les îlots (surtout en régime d'émission stimulée, quand la durée de vie des porteurs capturés dans les îlots est fortement raccourcie). De plus, si la durée de vie des porteurs dans les boîtes quantiques est courte en régime d'émission spontanée (plus précisément si elle est comparable aux temps de capture et de ré-émission des porteurs dans les îlots), l'efficacité du couplage sera réduite. En effet une grande partie des porteurs se recombinera avant de pouvoir s'échapper des îlots où ils sont capturés pour se recombiner dans d'autres îlots.

Remarquons d'ores et déjà que les boîtes quantiques insérées dans nos structures laser épitaxiées par EPVOM ont des propriétés (relativement faible densité de 5.10^9 cm^{-2}

et durée de vie des porteurs courte : 130 ps à température ambiante, voir la section IV-2-2) très différentes des propriétés des plans d'îlots épitaxiés par EJM contenus dans la plupart des lasers à boîtes quantiques présentés dans la littérature (densité comprise entre quelques 10^{10} et 10^{11} cm^{-2}, et durée de vie des porteurs à température ambiante de l'ordre de la nanoseconde). Nos plans de boîtes quantiques sont donc susceptibles de constituer des émetteurs à gain inhomogène, et ce même à température ambiante. Ce point sera discuté plus en détails dans la suite.

V-2-1-d Conclusion

Dans ce qui précède, nous avons précisé le comportement spectral de l'émission d'une structure laser à gain inhomogène en fonction des valeurs relatives des largeurs homogène et inhomogène et de l'intervalle spectral libre de la cavité. Si la largeur homogène est supérieure ou égale à la largeur inhomogène, l'émission du laser est monomode (si l'on néglige les phénomènes évoqués à la section V-2-1-c). Si la largeur homogène est inférieure à la largeur inhomogène, alors l'émission est multimode, et l'écart spectral entre deux modes qui lasent est de l'ordre de la largeur homogène si celle-ci est supérieure à l'ISL, et de l'ordre de l'ISL dans le cas contraire.

La largeur homogène de l'émission d'une boîte quantique isolée varie de quelques µeV à basse température et sous faible injection à une quinzaine de meV environ à température ambiante. Ceci est inférieur à la largeur inhomogène typique d'un plan de boîtes quantiques (comprise entre 30 et 80 meV). Si les îlots d'un plan de boîtes quantiques ne sont pas couplés par redistribution thermiquement activée des porteurs, ils peuvent donc constituer un émetteur à gain inhomogène susceptible de permettre une émission multimode (figure V-8 b) et c)).

L'observation d'une émission multimode nécessite cependant que les pertes internes du laser soient suffisamment faibles, afin que la condition de seuil soit vérifiée sur une plage spectrale suffisamment large (d'une largeur au moins supérieure à la largeur homogène) pour permettre à plusieurs modes de la cavité de laser. Ceci est illustré sur la figure V-10.

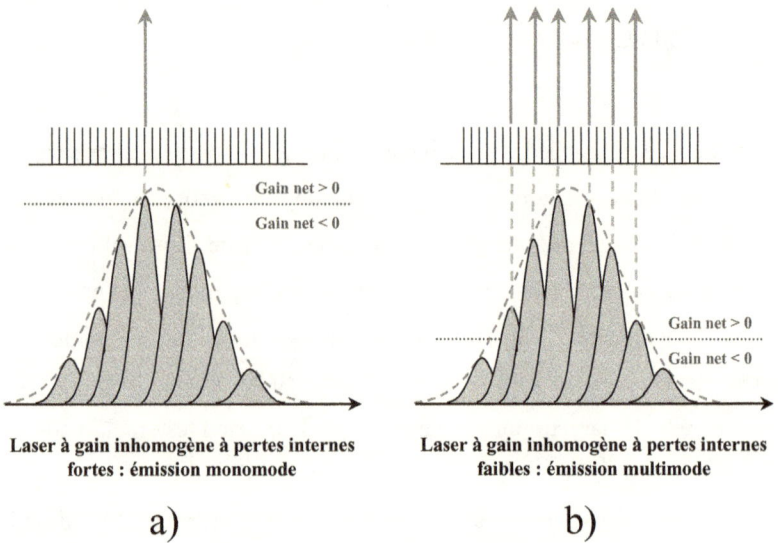

Laser à gain inhomogène à pertes internes fortes : émission monomode

Laser à gain inhomogène à pertes internes faibles : émission multimode

a)   b)

Fig.V-10 : Propriétés spectrales de l'émission d'un laser à gain inhomogène en fonction des pertes internes de la cavité. a) : les pertes internes sont fortes, et l'émission est monomode. b) : les pertes internes sont plus faibles, et l'émission est multimode.

Ainsi un laser à boîtes quantiques à gain inhomogène ne donnera pas forcément lieu à une émission multimode si les pertes de la cavité sont trop élevées : dans le cas limite où seul un mode de la cavité présente un gain optique maximum suffisant pour laser (figure V-10-a)), l'émission sera monomode. Seules les boîtes quantiques émettant des photons dans ce mode participeront à l'effet laser.

V-2-2 Effet de l'inhomogénéité du gain sur les propriétés des lasers à boîtes quantiques

Dans cette section, nous présentons un bilan des résultats expérimentaux disponibles dans la littérature qui mettent en évidence l'influence de l'inhomogénéité du gain d'un ensemble de boîtes quantiques sur les propriétés des lasers. Notons d'ores et déjà que ces études concernent toutes des lasers à boîtes quantiques épitaxiés par EJM, et donc présentant des caractéristiques différentes de nos boîtes quantiques : en particulier leur densité (de quelques 10^{10} à 10^{11} cm^{-2}) est plus forte que celle de nos plans de boîtes quantiques (quelques 10^9 cm^{-2} pour les structures présentées dans la section 2-3 de ce chapitre), et la durée de vie des porteurs dans les îlots à température ambiante est plus longue (de 1 à 2 ns, contre environ 130 ps pour nos structures, voir le chapitre IV).

V-2-2-a Comportement en température des lasers à boîtes quantiques

Les quelques publications présentant des études en température des lasers à boîtes quantiques rapportent des comportements similaires. Tout d'abord, l'émission laser à basse température est multimode sur une large gamme spectrale (jusqu'à 50 meV de largeur[32,33,34] à 77K). Au delà d'une température comprise entre 100 et 180 K, on obtient tout d'abord plusieurs modes laser espacés de quelques meV (l'espacement entre les raies augmente quand la température augmente), puis une émission laser monomode à température ambiante.

A basse température, la grande largeur de l'émission laser est due à l'inhomogénéité du gain des boîtes quantiques : la largeur homogène du gain est inférieure à sa largeur inhomogène et à l'intervalle spectral libre de la cavité (figure V-8-c)). Les boîtes ne sont pas couplées par redistribution thermique des porteurs et chacune peut émettre indépendamment des autres des photons stimulés dans les modes de la cavité. La largeur de l'émission laser est limitée par le nombre de modes pour lesquels la condition de seuil est vérifiée. Dans le cas de structures à faibles pertes internes, cette largeur peut atteindre la largeur inhomogène de la distribution de boîtes quantiques. Les références 32, 33, et 34 ne contiennent pas de spectres de l'émission laser relevés à suffisamment haute résolution spectrale pour que les modes de cavités puissent être résolus, et le pic laser, en réalité modulé par les modes de cavité, apparaît très large.

La modification du spectre laser à température intermédiaire résulte de l'augmentation de la largeur homogène des boîtes quantiques avec la température (section V-2-1-b) : cette dernière devient supérieure à l'intervalle spectral libre de la cavité tout en restant inférieure à la largeur inhomogène (figure V-8-b)). Des « groupes » de boîtes quantiques dont les largeurs homogènes se recouvrent sont définis. Chaque groupe contient des boîtes quantiques qui émettent des photons stimulés dans le même mode de cavité, indépendamment des autres groupes. Dans ce cas l'espacement entre deux modes qui lasent est de l'ordre de la largeur homogène du gain (8 meV à 160 K en référence 34).

A température ambiante, l'observation d'une émission laser monomode peut résulter de l'augmentation de la largeur homogène (figure V-8), ou d'un couplage des boîtes quantiques par redistribution thermique des porteurs (section V-2-1-c). Si les boîtes quantiques ne sont pas couplées par redistribution thermique des porteurs, l'observation d'une émission laser monomode est d'autant plus probable que les pertes du laser sont élevées (voir la figure V-10 de la section V-2-1-d).

V-2-2-b Densité de porteurs injectés et propriétés spectrales de l'émission laser dans la gamme de températures où les boîtes quantiques ne sont pas couplées par redistribution thermique des porteurs, et où la largeur homogène est inférieure à la largeur inhomogène et supérieure à l'intervalle spectral libre : $W_{hom} < W_{inh}$ et $W_{hom} > ISL$

Les études rapportées dans la littérature concernant la variation de la structure des spectres d'émission de lasers à boîtes quantiques en fonction de la densité de porteurs injectés montrent qu'elle est très différente de celle des lasers à puits quantiques.

Lorsque la densité de porteurs injectés augmente, le nombre de modes qui lasent augmente[34,35] pour les structures à boîtes quantiques, dans toute la gamme de températures où les îlots ne sont pas couplés par redistribution thermique des porteurs, et où la largeur homogène est inférieure à la largeur inhomogène, mais supérieure à l'intervalle spectral libre. Ces modes qui lasent sont espacés d'une distance spectrale supérieure à l'intervalle spectral libre de la cavité.

Ces résultats peuvent être interprétés comme suit : lorsque la densité de porteurs injectés est égale à la densité de porteurs au seuil pour une partie de la distribution de boîtes quantiques, cette partie de la distribution commence à émettre des photons stimulés dans le mode qui lase. L'émission est monomode car les largeurs homogènes de ces boîtes quantiques se recouvrent (figure V-8-b)). Les autres boîtes quantiques, dont les énergies de transition ne sont pas incluses dans la largeur homogène des premières boîtes et qui n'ont pas encore atteint le seuil, continuent à se remplir quand la densité de porteurs injectés augmente (la densité de porteurs n'est pas « clampée » dans ces îlots). Lorsque la densité de porteurs injectés est supérieure à la densité de transparence, cette dernière catégorie de boîtes quantiques commence à émettre des photons stimulés, sur la même transition optique que celles des premières boîtes si le gain est suffisant, ou sur une transition excitée présentant un gain optique plus fort. Ceci explique l'augmentation du nombre de modes qui lasent. Ces modes sont espacées d'une distance spectrale de l'ordre de la largeur homogène.

Ainsi en référence 34, une émission multimode est rapportée à température ambiante sous forte injection : trois modes qui lasent espacés de 19 meV sont observés. Notons que cette valeur de 19 meV est de l'ordre de la valeur estimée pour la largeur homogène du gain des boîtes quantiques à température ambiante (section V-2-1-b). On voit également que cette valeur est supérieure à la valeur de 8 meV rapportée par le même groupe (section V-2-2-a) pour l'espacement entre deux modes qui lasent à 160 K : la largeur homogène des boîtes quantiques augmente quand la température augmente, comme nous l'avions signalé à la section V-2-1-b. Aucune autre équipe n'a à notre connaissance pu observer un spectre laser multimode à température ambiante avec une structure à base de boîtes quantiques. Ainsi dans la majorité des cas, à température ambiante, les boîtes quantiques sont couplées par redistribution thermique des porteurs, ou les pertes internes des lasers sont trop fortes pour permettre une émission multimode (voir la figure V-10).

V-2-2-c Autres particularités des lasers à boîtes quantiques

La présence de plusieurs transitions confinées dans les îlots peut conduire à certains comportements particuliers des lasers à boîtes quantiques (qui ne sont pas liés à la nature inhomogène du gain). En particulier, elle peut se manifester par un décalage du pic laser par rapport au maximum d'intensité de l'émission spontanée. Ainsi, par exemple, lorsque le gain de la transition fondamentale est trop faible pour donner lieu à l'émission laser, celle ci peut avoir lieu à plus haute énergie, dans une zone spectrale où le gain de la transition fondamentale d'une partie de la distribution de boîtes quantiques recouvre le gain de la première transition excitée d'une autre partie de la distribution[36,37].

En outre, pour une même structure, le pic laser peut se déplacer des transitions excitées vers la transition fondamentale lorsque la longueur de cavité augmente (et donc que les pertes aux miroirs diminuent (Eq. V-4) et que le gain au seuil diminue (Eq. V-2)), ou lorsqu'on dépose sur les facettes du composant un revêtement de haute réflectivité (qui a également pour effet de réduire les pertes aux miroirs).

V-2-2-d Conclusion

Les résultats expérimentaux présentés dans la littérature illustrent clairement la dépendance de la structure des spectres d'émission des lasers à boîtes quantiques aux valeurs relatives des largeurs homogène et inhomogène et de l'intervalle spectral libre. En particulier, lorsque la largeur homogène du gain des boîtes quantiques augmente du fait de l'augmentation de la température, le spectre est modifié :

A basse température (entre 10 et 80 K), le spectre d'émission laser est constitué d'une seule raie large de quelques dizaines de meV (modulée cependant par les modes de la cavité), car la largeur homogène est inférieure à la largeur inhomogène et à l'intervalle spectral libre.

A température intermédiaire, lorsque la largeur homogène est supérieure à l'intervalle spectral libre et inférieure à la largeur inhomogène, le spectre laser est multimode, et les modes qui lasent sont espacés de quelques meV (espacement de l'ordre de la largeur homogène).

Enfin, à température ambiante, la laser est monomode car les boîtes quantiques sont couplées par redistribution thermique des porteurs, ou parce que les pertes du composant sont trop élevées pour que la condition de seuil soit vérifiée pour plusieurs groupes de gain homogène émettant des photons stimulés dans des modes de cavités différents (voir la figure V-10).

Un ensemble de boîtes quantiques constitue un émetteur à gain inhomogène si la redistribution thermique des porteurs entre les boîtes quantiques est négligeable (section V-2-1-c). Ceci semble être vrai jusqu'à 180 K, même pour les boîtes quantiques épitaxiées par EJM, pour lesquelles la densité d'îlots (quelques 10^{10} à 10^{11} cm^{-2}) et la durée de vie des porteurs dans les îlots (environ 1 ns à température ambiante) sont plus fortes que celles des boîtes quantiques insérées dans nos structures laser (densité : 5.10^9 cm^{-2} et durée de vie des porteurs à température ambiante : 130 ps).

Cependant a température ambiante, la plupart des lasers à boîtes quantiques décrits dans la littérature se comportent comme des lasers à gain homogène, et ce soit parce que les boîtes quantiques qu'ils contiennent sont couplées par redistribution thermique des porteurs (la probabilité d'échappement des porteurs hors des îlots augmente en effet quand la température augmente, voir le chapitre IV), soit parce la largeur homogène est de l'ordre de la largeur inhomogène à température ambiante (ce qui est moins probable, étant donnés les ordres de grandeur de la largeur homogène du gain des boîtes quantiques, voir la section V-2-1-b), soit parce que les pertes internes des structures sont trop fortes pour permettre une émission multimode. Aucun de ces phénomènes n'est favorisé pour les composants que nous présenterons dans la section suivante : la relativement faible densité d'îlots et la durée de vie courte des porteurs dans les boîtes quantiques insérées dans nos structures laser défavorisent la redistribution thermique des porteurs entre les îlots. La durée de vie courte des porteurs dans nos boîtes quantiques défavorise également une augmentation de la largeur homogène. En effet elle induit une réduction de l'état de charge des îlots : les porteurs y « séjournent » moins longtemps avant de se recombiner. Les interactions porteur-porteur sont donc défavorisées, ce qui peut mener à une réduction de la largeur homogène par rapport au cas des boîtes quantiques épitaxiées par EJM (dans lesquelles la durée de vie typique des porteurs à température ambiante est d'environ 1 ns). Enfin les pertes internes des lasers présentés dans la suite sont faibles (environ 1,5 cm^{-1}, voir la section V-1-3-c), ce qui favorise l'observation d'une émission multimode. Les résultats expérimentaux présentés dans la section suivante seront discutés à la lumière de ce constat.

V-2-3 Résultats expérimentaux : observation de l'effet laser sur les transitions excitées des boîtes quantiques

Dans cette section, nous allons présenter quelques résultats expérimentaux obtenus avec des structures laser contenant des boîtes quantiques. Nous considérerons une structure contenant 3 plans de boîtes quantiques épitaxiés à 530°C, et présentant une densité d'îlots d'environ 5.10^9 cm^{-2} par plan (échantillon Or4732). La durée de vie des porteurs à température ambiante dans ces boîtes quantiques est d'environ 130 ps (voir le chapitre IV). Le guide et les couches de confinement de ce laser optimisé en termes de confinement optique et de pertes internes sont identiques à ceux du composant Or4775 présenté dans la section V-1-1-c : l'épaisseur du guide optique en GaAs est de 290 nm, et la couche de confinement supérieure en $Al_{0,3}Ga_{0,7}As$, d'une épaisseur de 2 μm est dopée p à 5.10^{17} cm^{-3}. Les 200 premiers nanomètres au dessus du guide n'ont pas été dopés. Nous discuterons les propriétés spectrales de l'émission laser, et nous montrerons que ce composant lase sur les troisième et quatrième transitions excitées des boîtes quantiques (à 1,06 et 1 μm respectivement à température ambiante). Nous montrerons que les propriétés particulières de nos boîtes quantiques épitaxiées par EPVOM permettent d'envisager la réalisation d'émetteurs laser fonctionnant sur des gammes spectrales très larges, de l'ordre de la largeur inhomogène de la distribution d'îlots.

Les caractérisations de diodes laser présentées dans la suite ont été réalisées sur des structures à contact large (largeur 50 μm) gravées dans les conditions définies à la section V-1-3-a. Les mesures ont été réalisées directement sous pointes à température ambiante et sous injection électrique continue. Le signal de sortie a été couplé à une fibre et mesuré via un analyseur de spectres de haute sensibilité (sensibilité maximale : -92 dBm). Cette méthode permet de résoudre spectralement des signaux de très faible intensité, mais n'autorise pas la mesure absolue de la puissance de sortie.

V-2-3-a Propriétés spectrales de l'émission du composant

Les spectres d'électroluminescence de l'échantillon Or4732 relevés à température ambiante et sous injection électrique continue sont représentés en fonction de la densité de courant injecté sur la figure V-11 pour une cavité clivée de 700 µm de longueur (intervalle spectral libre : 0,25 meV) sans traitement des facettes. La résolution choisie pour cette mesure est de 0,1 nm, soit environ 1,5 meV dans la gamme de longueurs d'onde qui nous intéresse.

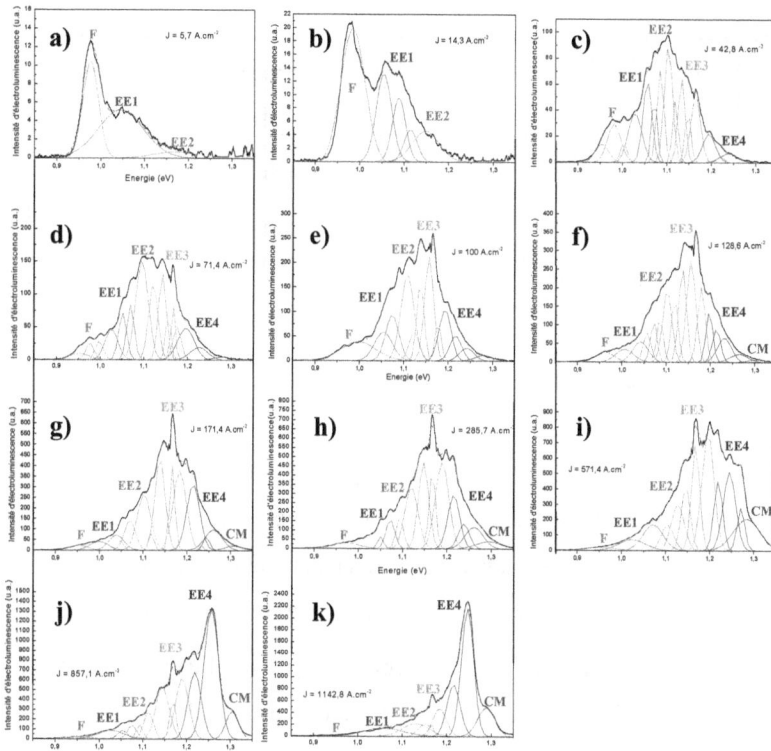

Fig.V-11 : *Spectres d'électroluminescence relevés à température ambiante sous injection électrique continue de l'échantillon Or4732, pour une cavité clivée de 700 μm de longueur. Les pics sont déconvolués en gaussiennes sur chacun des spectres, et l'ajustement des spectres obtenus est représenté en pointillés. Les intensités d'électroluminescence sont données en unité arbitraire, mais peuvent être comparées d'un spectre à l'autre. La résolution de l'analyseur de spectres est d'environ 1,5 meV.*

La transition optique fondamentale et jusqu'à quatre transitions entre états excités des boîtes quantiques participent à l'émission du composant. De plus lorsque la densité de courant J dépasse 128 A.cm^{-2} (figure V-11-f)), un pic correspondant à la couche de mouillage apparaît. Les énergies approximatives des transitions sont données dans le tableau V-2.

267

Transition	Abréviation	Energie (eV)
Fondamentale	F	0,98
1er transition excitée	EE1	1,06
2ème transition excitée	EE2	1,15
3ème transition excitée	EE3	1,18
4ème transition excitée	EE4	1,25
Couche de mouillage	CM	1,32

Tab.V-2 : Energies des transitions des spectres de la figure V-10

Pour J = 5,7 A.cm^{-2}, le spectre (fig.V-11-a)) correspond à l'émission spontanée des boîtes quantiques. On distingue trois pics, centrés à 0,98, 1,06 et 1,15 eV, correspondant respectivement à la transition fondamentale, et aux première et deuxième transitions excitées des boîtes quantiques.

Lorsque J augmente, et dès 14,3 A.cm^{-2}, les spectres d'électroluminescence deviennent plus structurés. En plus de se décaler vers les hautes énergies, du fait du peuplement des états excités, des pics apparaissent dont la largeur à mi hauteur (comprise entre 10 et 20 meV) est inférieure à la largeur inhomogène des pics d'émission spontanée des transitions confinées (de l'ordre de 60 meV pour la transition F sur la figure V-11-a)), mais bien supérieure à l'intervalle spectral libre de la cavité (0,25 meV) (la résolution de 1,5 meV employée lors de la mesure afin d'obtenir une sensibilité suffisante pour détecter l'électroluminescence ne permet pas de résoudre les modes de cavité). La largeur inhomogène de chaque transition est ainsi « décomposée » en plusieurs pics de largeurs plus faibles.

Le nombre de ces pics varient pour chacune des transitions F, EE1, EE2, EE3 et EE4 avec la densité de courant injectée, comme le montre la figure V-12.

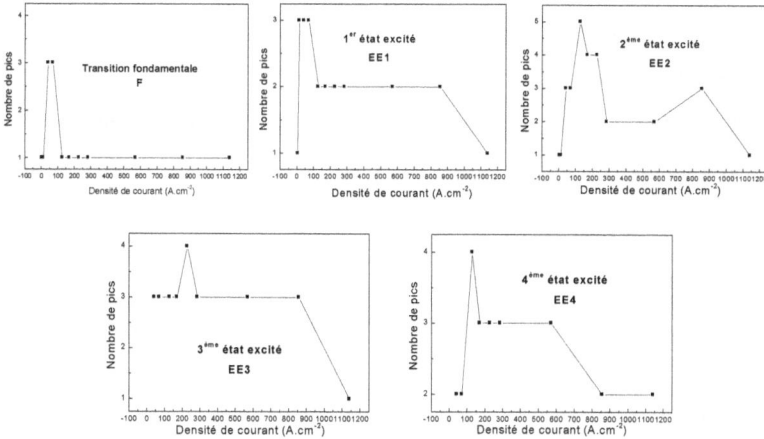

Fig.V-12 : *Nombre de pics inclus dans la largeur inhomogène de chaque transition des boîtes quantiques*

Aux erreurs de déconvolution près, la variation du nombre de pics en fonction de la densité de courant injecté est la même pour toutes les transitions des boîtes quantiques : il augmente entre 50 et 250 A.cm^{-2}, puis diminue à nouveau à plus forte injection.

L'apparition de ces pics résulte d'une compétition entre les différents groupes de gain homogène en régime d'émission stimulée, qui modifie les propriétés spectrales de l'émission du composant quand la densité de courant de transparence est dépassée, c'est à dire quand l'inversion de population est obtenue dans les boîtes quantiques. Au delà de cette limite, des groupes de boîtes quantiques pour lesquels les largeurs homogènes du gain se recouvrent (section V-2-2-a) commencent à émettre des photons stimulés. Ces observations expérimentales semblent donc correspondre au cas de la figure V-8-b), où les boîtes quantiques ne sont pas couplées par redistribution thermique des porteurs, et où la largeur homogène du gain est inférieure à la largeur inhomogène (60 meV pour la transition F sur la figure V-11-a)), et supérieure à l'intervalle spectral libre (ici 0,25 meV). Par ailleurs l'écart moyen entre les pics dénombrés sur la figure V-12 est compris entre 10 et 20 meV, ce qui est une valeur raisonnable pour la largeur homogène du gain (voir la section V-2-2).

Pour des densités de courant injecté inférieures à environ 200 A.cm^{-2}, le nombre de pics augmente quand la densité de courant injecté augmente car le nombre de « groupes » de boîtes quantiques dont les largeurs homogènes se recouvrent et émettant des photons stimulés (boîtes quantiques pour lesquelles la condition de transparence est vérifiée) augmente. Lorsque la densité de courant injecté augmente au-delà d'environ 200 A.cm^{-2}, le nombre de pics diminue à nouveau pour toutes les transitions.

Dans le cas des transitions EE3 et EE4, pour lesquelles le seuil laser est dépassé comme nous le montrerons dans la suite (figure V-15), cette diminution peut être attribuée à une augmentation de la largeur homogène, probablement liée à la forte densité de porteurs injectés : les boîtes quantiques contiennent un grand nombre de porteurs (entre 20 et 30 lorsque le quatrième transition excitée émet des photons, voir le paragraphe IV-1), et la densité de porteurs libres est importante, ce qui favorise les phénomènes d'interaction porteur-porteur (voir la section V-2-2-a).

Pour les autres transitions, la diminution du nombre de pics résulte d'une approximation dans la déconvolution des spectres : lorsque la transition EE4 commence à laser, son intensité augmente fortement, et la structure des pics correspondant aux transitions F, EE1 et EE2 ne peut plus être discernée sur la figure V-11. Ces pics sont cependant toujours structurés, comme l'indique la figure V-13.

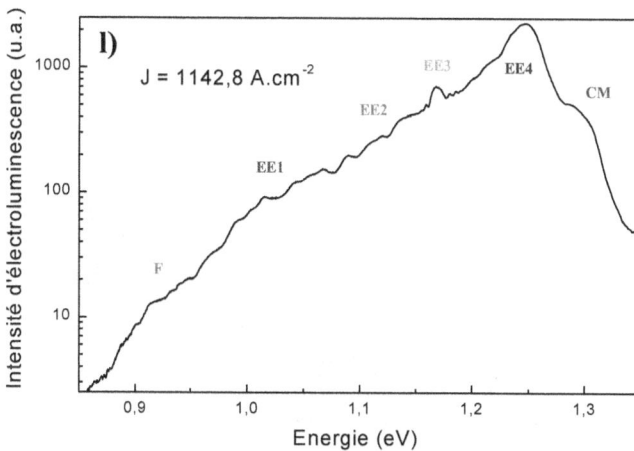

Fig. V-13 : *Spectre d'électroluminescence de l'échantillon Or4732 relevé pour une densité de courant injecté de 1142,8 A.cm^{-2} (figure V-11-l)). L'intensité est portée en échelle logarithmique, afin de mettre en évidence la structuration des pics F, EE1 et EE2.*

Notons que l'observation de structures correspondant à l'émission stimulée de groupes de boîtes dont les largeurs homogènes se recouvrent sur l'ensemble du spectre d'émission est rendue possible par les propriétés particulières de nos boîtes quantiques : la faible densité d'îlots (5.10^9 cm^{-2} contre 10^{10} à 10^{11} cm^{-2} pour des boîtes quantiques épitaxiées par EJM) ainsi que la durée de vie des porteurs très courte à température ambiante (130 ps,

271

voir le chapitre IV, contre environ 1 ns pour des boîtes
quantiques épitaxiées par EJM) permettent d'éviter un
couplage des boîtes quantiques par redistribution
thermique des porteurs (section V-2-1-c), et défavorisent
une augmentation importante de la largeur homogène du
gain des îlots.

Notre laser présente donc un gain inhomogène même à
température ambiante, ce qui ne semble pas être le cas de
la plupart des études rapportées à la section V-2-2
concernant des structures épitaxiées par EJM.

V-2-3-b Effet laser sur les transitions EE3 et EE4

Toutes les transitions participant à l'émission du composant présentent un comportement spectral identique. Par contre, l'évolution de l'intensité émise en fonction de la densité de courant injecté n'est pas la même pour toutes les transitions. Nous avons porté sur la figure V-14 l'intensité d'électroluminescence intégrée des transitions F, EE1 et EE2 (somme des intensités intégrées de tous les pics qui composent chaque transition) en fonction de la densité de courant injecté.

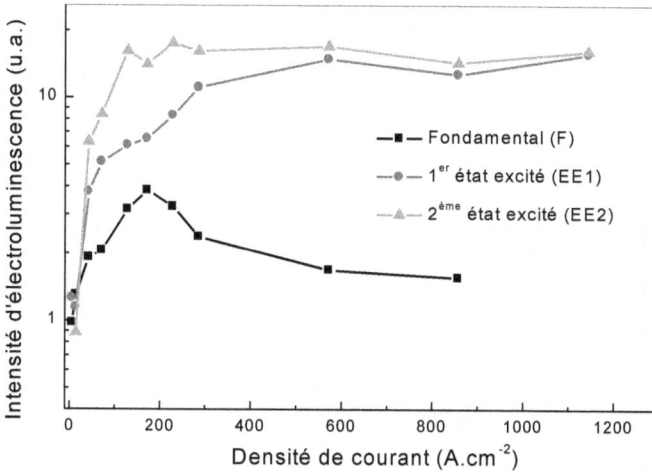

Fig.V-14 : *Intensité intégrée des transitions F (carrés), EE1 (ronds) et EE2 (triangles) en fonction de la densité de courant injecté.*

Pour ces trois transitions, l'intensité augmente à faible injection, puis sature quand l'injection augmente, de manière similaire à l'émission spontanée (chapitre IV).

L'émission stimulée modifie cependant les rapports des intensités saturées des différentes transitions par rapport au cas de l'émission spontanée pure étudié au chapitre IV. En particulier le rapport entre l'intensité saturée de la transition EE1 et celle de la transition F vaut ici environ 5, alors qu'il est de 1,4 pour les intensités d'émission spontanée. Ceci peut être aisément interprété en termes de gain optique : la densité d'états et donc le gain optique des transitions sont plus élevés pour les états excités. Ces derniers présentent donc un taux d'émission stimulée plus élevé, ce qui modifie les rapports des intensités saturées.

Le comportement de l'intensité intégrée des transitions EE3 et EE4 en fonction de la densité de courant injecté (figure V-15) est sensiblement différent.

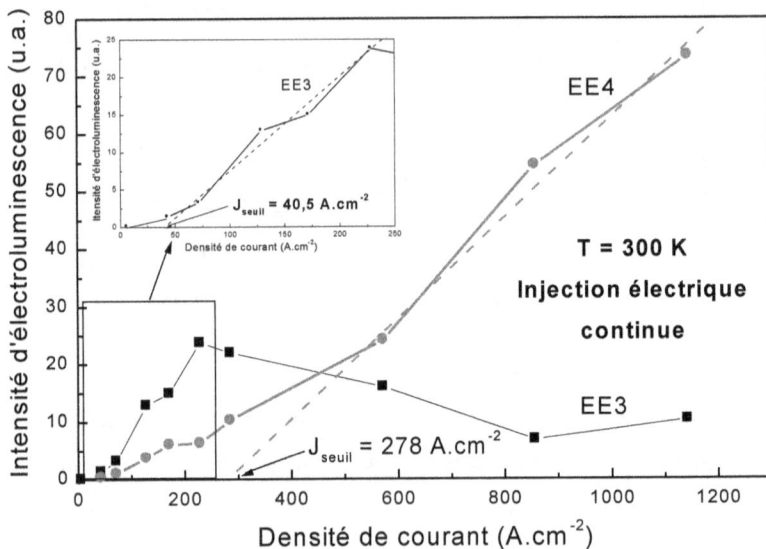

Fig.V-15 : Intensité intégrée d'électroluminescence des transitions EE3 (carrés) et EE4 (ronds) en fonction de la densité de courant injecté.

Les deux courbes de la figure V-15 présentent une rupture de pente caractéristique de l'effet laser (paragraphe V-1). Des densités de courant de seuil peuvent être définies : on obtient $J_{seuil} \approx 40,5$ A.cm^{-2} pour la transition EE3 ($\lambda = 1$ µm), et $J_{seuil} \approx 278$ A.cm^{-2} pour la transition EE4 ($\lambda = 1,04$ µm). Le gain optique maximum de la transition EE3 est à peine supérieur à la valeur du gain au seuil, ce qui a pour effet de provoquer une diminution de l'intensité d'émission stimulée de cette transition au delà d'environ 200 A.cm^{-2}, pour des raisons que nous préciserons dans la suite. La densité de courant seuil mesurée pour la transition EE3 est par conséquent approximative, car la pente de la caractéristique ne peut être clairement définie au-dessus du seuil. L'intensité d'émission stimulée de la transition EE4 augmente quant à elle linéairement au dessus du seuil dans toute la gamme d'injection explorée.

Notons que la densité de courant de seuil mesurée pour la transition EE4 est assez faible : les meilleurs résultats rapportés à ce jour dans la littérature[11] font état de valeurs de l'ordre de 20 A.cm^{-2} pour la *transition fondamentale* des boîtes quantiques. Or la densité de courant de transparence et donc la densité de courant de seuil augmentent avec le nombre d'états disponibles pour les porteurs dans la transition considérée. La dégénérescence des états excités des boîtes quantiques étant plus forte (chapitre IV), ces derniers présentent des densités de courant de transparence plus fortes. Cette faible valeur de densité de courant de seuil est probablement due aux faibles pertes internes de la structure, ainsi qu'à la faible densité de boîtes quantiques de notre échantillon (l'inversion de population est obtenue à plus faible injection).

Précisons que l'effet laser ne peut avoir lieu simultanément sur deux transitions différentes d'une même boîte quantique. En effet lorsque l'une des transitions d'une boîte quantique commence à émettre des photons stimulés dans un mode qui lase, la durée de vie radiative des porteurs sur les niveaux correspondants est fortement raccourcie. Le nombre de porteurs est « clampé » dans la boîte quantique, et il est alors impossible d'atteindre le nombre de porteurs au seuil pour une autre transition. L'effet laser sur les transitions EE3 et EE4 est donc le résultat de l'émission stimulée de boîtes quantiques appartenant à des groupes de gain homogène différents.

Au delà de 250 A.cm^{-2}, l'intensité intégrée de la transition EE3 diminue lorsque la densité de courant injecté augmente. Ceci peut être dû à l'échauffement du composant, qui conduit à une diminution du gain du matériau actif : si le gain maximum (non « clampé ») des boîtes quantiques appartenant au groupe de gain homogène lasant sur la transition EE3 est à peine supérieur aux pertes de la cavité, une réduction même très faible du gain peut conduire à un arrêt de l'émission laser sur cette transition. Cette réduction n'affecte pas l'effet laser sur la transition EE4 pour laquelle le gain optique maximum est plus fort (du fait de la dégénérescence plus forte du quatrième état excité, voir le chapitre IV).

Notons pour finir que la largeur des pics laser des transitions EE3 (figure V-11-h) par exemple) et EE4 (figure V-11-k)) apparaît plus grande sur les spectres de la figure V-11 qu'elle ne l'est en réalité : elle est limitée par la résolution pour la mesure (environ 1,5 meV, alors que l'ISL vaut ici 0,25 meV). Les pics laser des transitions EE3 et EE4 de la figure V-11 sont en réalité modulés par les modes de la cavité. Pour les mêmes raisons, l'intensité maximale de ces pics est sous estimée.

V-2-3-c Influence de la longueur de la cavité

Nous avons étudié le comportement de composants issus de la même structure Or4732, clivés à des longueurs de cavités différentes (entre 220 µm et 2 mm). Pour les cavités de longueur supérieure à 700 µm, aucune différence significative n'a été relevée concernant le comportement des lasers. En particulier, même pour des cavités très longues, l'effet laser n'a pas été obtenu sur les transitions F, EE1 et EE2, malgré la réduction des pertes aux facettes induite par l'augmentation de la longueur de la cavité (Eq. V-4). Notons que lorsque la longueur de la cavité augmente, des problèmes d'homogénéité dans l'injection de courant peuvent se poser.

Pour des longueurs de cavité de 490 et 220 µm, l'effet laser est obtenu sur la transition EE4 uniquement. En effet, du fait de l'augmentation des pertes aux facettes liée à la réduction de la longueur de la cavité, le gain modal optique de la transition EE3 n'atteint pas la valeur du gain au seuil. Ce résultat permet d'estimer la valeur du gain modal maximum $\Gamma.g_{EE3}$ de cette transition. Elle est comprise entre les valeurs du gain modal au seuil pour des longueurs de cavité de 700 et 490 µm. En vertu des équations V-2 et V-4, on peut écrire :

$$\alpha_i + \frac{1}{2\cdot 700\mu m}\cdot \ln\left(\frac{1}{R^2}\right) < \Gamma\cdot g_{EE3} < \alpha_i + \frac{1}{2\cdot 490\mu m}\cdot \ln\left(\frac{1}{R^2}\right) \qquad \text{Eq.V-14.}$$

Avec R = 0,3 (réflectivité d'une interface GaAs/air), et α_i = 1,5 cm^{-1} (voir la section V-1-3), on obtient $18,7 cm^{-1} < \Gamma\cdot g_{EE3} < 26 cm^{-1}$. Si on considère en première approximation que le gain modal maximum des transitions des boîtes quantiques est proportionnel à la dégénérescence des niveaux confinés correspondants, et en négligeant les différences de durées de vie des porteurs entre la transition EE3 et la transition F, on a $\Gamma\cdot g_F = \frac{\Gamma\cdot g_{EE3}}{4}$ (la dégénérescence du niveau fondamental vaut 2, et celle du troisième état excité vaut 8, voir le paragraphe IV-3).

Le gain modal saturé de la transition fondamental de nos boîtes quantiques est donc approximativement compris entre 4,7 et 6,5 cm^{-1}, ce qui correspond aux valeurs rapportées dans la littérature[15]. Obtenir l'effet laser sur la transition fondamentale des boîtes quantiques (autour de 1,25 µm) dans une cavité de 700 µm de longueur nécessitera donc d'augmenter d'un facteur 4 environ le gain modal de la transition. Ceci pourra se faire au prix d'une augmentation de la densité de boîtes quantiques, et/ou d'une augmentation du nombre de plans de boîtes insérés dans la cavité.

V-2-3-d Conclusion sur l'étude expérimentale des lasers à boîtes quantiques

L'étude présentée ci-dessus a permis de mettre en évidence un certain nombre de propriétés originales de nos lasers à boîtes quantiques épitaxiés par EPVOM.

En particulier, la nature inhomogène du gain des boîtes quantiques conduit à l'observation du phénomène d'émission stimulée sur toute la largeur du spectre d'émission des îlots. En outre les propriétés particulières de nos boîtes quantiques, épitaxiées par EPVOM (faible durée de vie des porteurs à température ambiante : 130 ps et faible densité d'îlots : 5.10^9 cm^{-2}) semblent permettre d'éviter le couplage entre îlots par redistribution thermique des porteurs, et ce même à température ambiante, ce qui n'est pas le cas de la plupart des études rapportées dans la littérature (qui concernent généralement des boîtes quantiques dont la densité est supérieure à 10^{10} cm^{-2}, et dans lesquelles la durée de vie des porteurs est de l'ordre de la nanoseconde à température ambiante).

L'effet laser a été observé sur les transitions correspondant aux troisième et quatrième états excités des boîtes quantiques, à environ 1,06 et 1 µm respectivement. Le gain modal maximum de la transition fondamentale a été estimé à environ 5 cm^{-1}. L'effet laser sur cette transition pourra être obtenu au prix d'une augmentation de la densité de boîtes quantiques et/ou d'une augmentation du nombre de plans de boîtes insérés dans la cavité.

V-3 Conclusion

Nous nous sommes efforcés dans ce chapitre de faire ressortir les propriétés particulières des lasers à boîtes quantiques, notamment liées à la nature inhomogène du gain de ces nanostructures.

L'optimisation des structures laser à puits quantiques nous a permis d'obtenir des cavités à pertes internes très faibles, sans lesquelles nous n'aurions pu observer l'effet laser.

La densité de nos boîtes quantiques est à l'heure actuelle trop faible pour obtenir l'effet laser sur la transition fondamentale. Cependant, ces propriétés, caractéristiques des boîtes quantiques épitaxiées par EPVOM, permettent d'éviter même à température ambiante le couplage des îlots par redistribution thermique des porteurs. Ceci ouvre la voie à de nouvelles études pour la réalisation de lasers émettant sur une large gamme spectrale : en optimisant encore les cavités des lasers et les propriétés des boîtes quantiques, il peut être envisageable d'obtenir des composants présentant à basse température comme à température ambiante un spectre laser large. Ceci serait tout à fait intéressant pour la réalisation de lasers accordables. Le caractère multimode de l'émission laser nécessiterait cependant l'utilisation de cavités capables de filtrer l'émission laser (structures de type DFB, ou lasers à émission par la surface fonctionnant en cavité externe).

Notons pour finir que les propriétés de nos boîtes quantiques sont tout à fait adaptées à la réalisation de sources impulsionnelles rapides : la faible durée des porteurs à température ambiante doit permettre d'obtenir des temps caractéristiques de recouvrement de l'absorption très faibles, et par conséquent de réaliser des absorbants saturables efficaces. D'autre part, la relativement faible densité de boîtes quantiques permettrait une réduction de l'énergie de saturation de l'absorption. Enfin les boîtes quantiques pourraient être utilisées comme milieu à gain : la grande largeur spectrale inhomogène de leur courbe de gain permet d'envisager de bloquer ensemble des modes sur un large domaine spectral et d'obtenir des sources à impulsions ultra-courtes stables.

Bibliographie du chapitre V

[1] V. Aroutiounan, S. Petrosyan, A. Khachatryan, K. Touryan
Quantum dot solar cells
J. Appl. Phys. **89**, 2268, (2001).

[2] P. Michler, A. Kiraz, L. Zhang, C. Becher, E. Hu, A. Imamoglu
Laser emission from quantum dots in microdisk structures
Appl. Phys. Lett. **77**, 184, (2000).

[3] C. Seassal, X. Letartre, J. Brault, M. Gendry, P. Pottier, P. Viktorovitch, O. Piquet, P. Blondy, D. Cros, O. Marty
InAs quantum wires in InP-based microdisks: Mode identification and continuous wave room temperature laser operation
J. Appl. Phys. **88**, 6170, (2000).

[4] M. Elkurdi, P. Boucaud, S. Sauvage, O. Kermarrec, Y. Campidelli, D. Bensahel, G. Saint-Girons, I. Sagnes
Near-infrared waveguide photodetector with Ge/Si self-assembled quantum dots
Appl. Phys. Lett. **80**, 509, (2002).

[5] K. Kim, H. Mohseni, M. Erdtmann, E. Michel, C. Jelen, M. Razeghi
Growth and characterization of InGaAs/InGaP quantum dots for midinfrared photoconductive detector
Appl. Phys. Lett. **73**, 963, (1998).

[6] P. Borri, W. Langbein, J.M. Hvam, F. Heinrichsdorff, M.H. Mao, D. Bimberg
Ultrafast gain dynamics in InAs-InGaAs quantum-dot amplifiers
IEEE Photon. Technol. Lett. **12**, 594, (2000).

[7] Y. Arakawa, H. Sakaki
Multidimensional quantum well laser and temperature dependance of its threshold current
Appl. Phys. Lett. **40**, 939, (1982).

[8] M. Asada, Y. Miyamoto, Y. Suematsu
Gain and the threshold of three-dimensional quantum box lasers
IEEE Quant. Electron. **22**, 1915, (1986).

[9] H. Hirayama, K. Matsumaga, M. Asada, Y. Suematsu
Lasing action of $Ga_{0.67}In_{0.33}As/GaInAsP/InP$ tensile-strained quantum-box laser
Electron. Lett. **30**, 142, (1994).

[10] M.V. Maximov, N.N. Ledentsov, V.M. Ustinov, ZH. I. Alferov, D. Bimberg
GaAs-Based 1.3 µm InGaAs Quantum Dot lasers : A Status Report
J. Electron. Mat. **89**, 476, (2000).

[11] M. Grundmann
The present status of quantum dot lasers
Physica E **5**, 167, (2000).

[12] V.M. Ustinov, A.E. Zhukov
GaAs-based long-wavelength lasers
Semicond. Sci. Technol. **15**, R41, (2000).

[13] R.L. Sellin, Ch. Ribbat, M. Grundmann, N.N. Ledentsov, D. Bimberg
Close-to-ideal device characteristics of high-power InGaAs/GaAs quantum dot lasers
Appl. Phys. Lett. **78**, 1207, (2001).

[14] F. Heinrichsdorff, M.H. Mao, N. Kirdstaedter, A. Krost, D. Bimberg
Room-temperature continuous-wave lasing from stacked InAs/GaAs quantum dots grown by metalorganic chemical vapor deposition
Appl. Phys. Lett. **71**, 22, (1997).

[15] N. Hatori, M. Sugawara, K. Mukai, Y. Nakata, H. Ishikawa
Room-temperature gain and differential gain characteristics of self-assembled InGaAs/GaAs quantum dots for 1.1–1.3 μm semiconductor lasers
Appl. Phys. Lett. **77**, 773, (2000).

[16] G.T. Liu, A. Stintz, H. Li, T.C. Newell, A.L. Gray, P.M. Varangis, K.J. Malloy, L.F. Lester
The influence of quantum-well composition on the performance of quantum dot lasers using InAs-InGaAs dots-in-a-well (DWELL) structures
IEEE J. Quant. Electron. **36**, 1272, (2000).

[17] P.G. Eliseev, H. Li, A. Stintz, G.T. Liu, T.C. Newell, K.J. Malloy, L.F. Lester
Transition dipole moment of InAs/InGaAs quantum dots from experiments on ultralow-threshold laser diodes
Appl. Phys. Lett. 77, **262**, (2000).

[18] E. Rosencher, B. Vinter
Optoélectronique
Masson, Paris, 1998.

[19] Eneka Idiart-Alhort, thèse de doctorat
Etude et optimisation de lasers semiconducteurs à puits quantiques dans le système InGaAs/InGaAlAs/InP pour télécommunications optiques
Université de Paris VI, 1996.

[20] Bernard et Duraffourg, Phys. Stat. Sol. **1**, 699, (1961).

[21] Jean-Philippe Debray, thèse de doctorat
Croissance par épitaxie en phase vapeur aux organométalliques de structures à cavités verticales pour télécommunications optiques
Université de Paris VI, 1997.

[22] S.M. Sze
Physics of semiconductor devices
Wiley, New-York, 1976.

[23] F. Klopf, J.P. Reithmaier, A. Forchel
Highly efficient GaInAs/(Al)GaAs quantum-dot lasers based on a single active layer versus 980 nm high-power quantum-well lasers
Appl. Phys. Lett. **77**, 1419, (2000).

[24] A. Oster, G. Erbert, H. Wenzel
Gain spectra measurements by a variable stripe length method with current injection
Electron. Lett. **33**, 864, (1997).

[25] Arnaud Garnache, thèse de doctorat
Etude et réalisation de nouveaux types de lasers proche infrarouge pour la spectroscopie d'absorption intracavité laser. Dynamique des lasers fortement multimodes.
Université Joseph Fourier - Grenoble I, 1999.

[26] J.M. Gérard, A. Lemaître, B. Legrand, A. Ponchet, B. Gayral, V. Thierry-Mieg
Novel prospects for self-assembled InAs/GaAs quantum boxes
J. Cryst. Growth **201/202**, 1109, (1999).

[27] K. Matsuda, K. Ikeda, T. Saiki, H. Tsuchiya, H. Saito, K. Nishi
Homogeneous linewidth broadening in a $In_{0.5}Ga_{0.5}As$/GaAs single quantum dot at room temperature investigated using highly sensitive near-field scanning optical microscope
Phys. Rev. B **63**, R121304, (2001).

[28] J.L. Spithoven, J. Lorbacher, I. Manke, F. Heinrichsdorff, A. Krost, D. Bimberg, M. Dähne-Prietsch
Finite linewidth observed in photoluminescence spectra of individual $In_{0.4}Ga_{0.6}As$ quantum dots
J. Vac. Sci. Technol. B **17**, 1632, (1999).

[29] A.V. Uskov, K. Nishi, R. Lang
Collisional broadening and shift of spectral lines in quantum dot lasers
Appl. Phys. Lett. **74**, 3081, (1999).

[30] T.P. Lee, C.A. Burrus, J.A. Copeland, A.G. Dentai, D. Marcuse
Short-cavity InGaAsP injection lasers : dependence of mode spectra and single longitudinal mode power on cavity length
IEEE J. Quant. Electron. **18**, 1101, (1982).

[31] A.E. Zhukov, V.M. Ustinov, A.Y. Egorov, A.R. Kovsh, A.F. Tatsulnikov, N.N. Ledentsov, S.V. Zaïtsev, N.Y. Gordeev, P.S. Kopev, Z.I. Alferov
Negative characteristic temperature of InGaAs quantum dot injection laser
Jap. J. Appl. Phys. I **36**, 4216, (1997).

[32] K. Hinzer, C.N.I. Allen, J. Lapointe, D. Picard, Z.R. Wasilewski, S. Fafard, A.J. SpringThorpe
Widely tunable self-assembled quantum dot lasers
J. Vac. Sci. Technol. A **18**, 578, (2000).

[33] H. Jiang, J. Singh
Nonequilibrium distribution in quantum dots lasers and influence on laser spectral output
J. Appl. Phys. **85**, 7438, (1999).

[34] M. Sugawara, K. Mukai, Y. Nakata, H. Ishikawa, A. Sakamoto
Effect of homogeneous broadening of optical gain on lasing spectra in self-assembled $In_xGa_{1-x}As$/GaAs quantum dot lasers
Phys. Rev. B 61, 7595, (2000-I).

[35] L.Harris, D.J. Mowbray, M.S. Skolnick, M. Hopkinson, G. Hill
Emission spectra and mode structure of InAs/GaAs self-organized quantum dot lasers
Appl. Phys. Lett. **73**, 969, (1998).

[36] H. Ishikawa, H. Shoji, Y. Nakata, K. Mukai, M. Sugawara, M. Egawa, N. Otsuka, Y. Sugiyama, T. Futatsugi, N. Yokogama
Self-organized quantum dots and quantum dot lasers
J. Vac. Sci. Technol. A **16**, 794 , (1998).

[37] L. Harris, A.D. Hashmore, D.S Mowbray, M.S. Skolnick, M. Hopkinson, G. Hill, J. Clark
Gain characteristics of InAs/GaAs self-organized quantum-dot lasers
Appl. Phys. Lett. **75**, 3512, (1999).

CONCLUSION

Bilan des études relatées

L'originalité du travail présenté dans ce manuscrit réside essentiellement dans la méthode de croissance employée pour épitaxier les boîtes quantiques : bien que les lasers à boîtes quantiques les plus performants aient été jusqu'à maintenant fabriqués en EJM (en particulier l'effet laser n'a pas encore été observé à 1,3 μm avec des structures épitaxiées par EPVOM), nous avons choisi d'utiliser l'EPVOM. Cette technique de croissance est en effet mieux adaptée aux contraintes industrielles. De plus, l'EPVOM est incontournable pour la réalisation de certains composants optiques nécessitant des étapes de reprise d'épitaxie, et sa grande reproductibilité permet de réaliser plus facilement des hétérostructures épaisses et complexes de type VCSEL. Tout au long de ce manuscrit, nous nous sommes efforcés de mettre en valeur les propriétés particulières des boîtes quantiques épitaxiées par EPVOM pour l'émission autour de 1,3 μm sur substrat de GaAs.

Nous avons tout d'abord étudié l'influence de la grande longueur de diffusion de surface des espèces lors de la croissance par EPVOM, notamment liée à la présence de la phase gazeuse au dessus du substrat, sur les mécanismes de formation des boîtes quantiques et sur leurs propriétés structurales.

La relaxation élastique d'une couche d'InAs pur sur du GaAs conduit ainsi à la formation d'un plan d'îlots de densité plus faible ($\approx 2.10^9$ cm^{-2} lorsque la température de croissance vaut 460°C) en EPVOM qu'en EJM (entre 10^{10} et 10^{11} cm^{-2}). En outre, les boîtes quantiques fabriquées par EPVOM

grossissent plus vite que celles obtenues en EJM à vitesse de dépôt égale[i].
La taille critique de relaxation plastique des îlots est par conséquent atteinte
plus rapidement, ce qui complique la fabrication de plans d'îlots ne
présentant pas de défauts étendus.

Néanmoins, nous avons montré qu'il était possible de bénéficier de la
rugosité de la surface de croissance pour réduire la longueur de diffusion de
surface des espèces et par conséquent augmenter la densité de boîtes
quantiques. Ainsi, le dépôt à 460°C d'une couche d'$In_{0,15}Ga_{0,85}As$ sur la
couche de mouillage contrainte et rugueuse des îlots formés par dépôt
d'InAs conduit à la formation d'un plan d'îlots denses ($2,5.10^{10}$ cm^{-2}). Ces
îlots denses (émettant à 1,25 µm dans leur transition fondamentale)
coexistent à basse température de croissance (T < 530°C) avec les îlots de
plus faible densité formés par dépôt d'InAs (dont la transition
fondamentale émet autour de 1,3 µm), ce qui mène à un élargissement
inhomogène bimodal de la photoluminescence. Lorsque la température de
croissance des îlots est supérieure ou égale à 530 °C, seuls se forment les
îlots denses émettant à 1,25 µm : la longueur de diffusion des atomes
d'indium sur la surface du GaAs est alors trop grande pour que des boîtes
quantiques cohérentes soient formées lors du dépôt d'InAs.

Nous avons également mis au point un processus de dissolution des gros
îlots relaxés plastiquement, inévitablement formés lors du dépôt de la
couche d'InAs, qui permet une amélioration considérable de la qualité
structurale des plans d'îlots et des empilements de plans d'îlots. Enfin nous

---

[i] Nous désignons ici par vitesse de dépôt la vitesse à laquelle les couches sont déposées (en
monocouches par seconde). La vitesse de dépôt ne doit pas être confondue avec la vitesse de
croissance des boîtes quantiques, qui désigne la vitesse à laquelle les îlots grossissent.

avons montré que l'interdiffusion entre l'indium et le gallium conduisait, pendant les étapes de formation des îlots, et pendant la croissance à haute température des couches au dessus des îlots, à une homogénéisation de la taille et de la composition des deux populations de boîtes quantiques.

L'étude de la photoluminescence de nos boîtes quantiques a permis de mettre en évidence une forte réduction de la durée de vie des porteurs dans les îlots à température ambiante (130 ps pour un échantillon ne contenant qu'une seule population de boîtes quantiques, contre typiquement 1 ns pour les boîtes quantiques épitaxiées par EJM).

Cette réduction de la durée de vie est liée, pour la population émettant à plus haute énergie, à la présence de défauts ponctuels non-radiatifs dans les couches épitaxiées. L'incorporation de ces défauts est vraisemblablement due à la faible température de croissance des boîtes quantiques.

Nous avons également mis en évidence et modélisé un phénomène thermiquement activé de transfert de porteurs de charge de la population émettant à plus haute énergie vers la population émettant à plus basse énergie. Ainsi, à température ambiante, les porteurs se recombinent préférentiellement dans les boîtes quantiques de la population émettant à plus basse énergie, dont la faible densité et le rendement d'émission spontanée médiocre ne permettent pas d'espérer obtenir l'effet laser. Les plans de boîtes quantiques ne contenant qu'une seule population émettant autour de 1,25 μm (transition fondamentale) sont donc mieux adaptés à la réalisation de lasers.

Enfin une étude de la saturation de l'électroluminescence des différentes transitions des boîtes quantiques a permis de montrer que le rendement d'émission spontanée des transitions excitées était plus faible que celui de la transition fondamentale. Cependant le gain optique maximum des transitions excitées des boîtes quantiques est plus fort que celui de la transition fondamentale, du fait de la dégénérescence plus forte des états excités.

Enfin nous avons observé l'effet laser sur les troisième et quatrième transitions excitées (à 1,06 et 1 μm respectivement) d'un ensemble de trois plans de boîtes quantiques à élargissement inhomogène monomodal inséré dans un guide à faibles pertes internes (1,5 cm^{-1}), et ce sous injection électrique continue à température ambiante.

Le gain modal optique de la transition fondamentale (centrée à 1,25 μm) de cette structure est approximativement compris entre 4,5 et 6,5 cm^{-1}, ce qui est trop faible pour observer l'effet laser sur cette transition.

Nous avons également étudié l'effet de l'élargissement inhomogène du gain des boîtes quantiques sur les propriétés spectrales de l'émission stimulée. En particulier, la faible durée de vie des porteurs dans nos îlots (130 ps à température ambiante) ainsi que leur faible densité (5.10^9 cm^{-2} pour chaque plan) permet même à température ambiante l'observation d'un spectre laser multimode sur une grande plage spectrale, ce qui n'est pas le cas de la majorité des composants à boîtes quantiques épitaxiés par EJM (pour lesquelles la durée de vie des porteurs à température ambiante vaut typiquement 1 ns, et dont la densité est comprise entre 10^{10} et 10^{11} cm^{-2}).

Perspectives

Obtenir l'effet laser à 1,3 µm nécessitera une augmentation de la densité des boîtes quantiques. Elle pourrait être obtenue en augmentant volontairement la rugosité de la couche sur laquelle les boîtes sont épitaxiées, afin de réduire la longueur de diffusion des espèces adsorbées. La rugosité pourra être obtenue en déposant une fine couche bidimensionnelle contrainte avant de former les îlots, ou en mettant au point une procédure d'arrêt de croissance sous arsine ou sous hydrogène, avec ou sans rampe de température. Si ce procédé s'avère efficace, il pourra être envisagé d'augmenter la température de croissance des îlots tout en maintenant un taux de nucléation suffisant, ce qui permettra de réduire la quantité de défauts ponctuels incorporés lors de la croissance. Plus généralement, le caractère cinétique marqué de la croissance des boîtes quantiques par EPVOM représente un atout pour la réalisation de structures à îlots sur des substrats disloqués ou structurés par un champ de contrainte (substrats compliants, pseudo-substrats de germanium sur silicium). A termes, les boîtes quantiques épitaxiées par EPVOM pourraient faciliter la réalisation de sources ou d'autres composants optiques à 1,3 µm intégrés sur substrat de silicium avec les fonctions de microélectronique de commande. Notons par ailleurs que la durée de vie non-radiative des porteurs à température ambiante dans nos boîtes quantiques pourrait être augmentée en procédant à des recuits sous plasma d'hydrogène des échantillons. L'hydrogène est en effet connu pour sa capacité à passiver les liaisons pendantes aux interfaces des matériaux, et ces recuits pourraient donc conduire à une réduction du taux de recombinaisons non-radiatives dans nos structures.

De plus, nous avons montré que la faible densité (quelques 10^9 cm^{-2}) et la durée de vie courte des porteurs (environ 130 ps à température ambiante) dans nos boîtes quantiques permettaient d'observer, même à température ambiante, une émission laser sur une large plage spectrale (ce qui n'est pas le cas de la plupart des études rapportées dans la littérature, qui concernent des boîtes quantiques épitaxiées par EJM dont la densité est plus forte, et dans lesquelles la durée de vie des porteurs est plus longue).

Ceci permet d'envisager de nouvelles études visant à fabriquer des émetteurs laser à large spectre d'émission. De telles sources pourraient s'avérer utiles pour la réalisation de dispositifs accordables, indispensables à la flexibilité des systèmes WDM.

Enfin, la faible durée de vie des porteurs dans nos boîtes quantiques, couplée à la grande largeur spectrale du gain optique devrait permettre d'obtenir un effet d'absorption saturable efficace pour la réalisation de sources à modes bloqués performantes.

En effet le taux de répétition d'un tel laser est d'autant plus grand que le temps de recouvrement de l'absorption est court dans l'absorbant saturable. Or le temps de recouvrement de l'absorption diminue quand la durée de vie des porteurs dans la structure diminue. De plus, à condition de disposer d'un laser à gain optique suffisamment large, la grande largeur spectrale du gain optique du matériau absorbant doit théoriquement permettre de bloquer ensemble un grand nombre de modes et par conséquent d'obtenir des impulsions très brèves. Enfin la faible absorption des boîtes quantiques, liée au nombre fini d'états disponibles dans les niveaux confinés devrait permettre d'obtenir une faible puissance de saturation de l'absorption, et par conséquent de réaliser des lasers à modes bloqués de faible gain au seuil compatibles avec les exigences (notamment en termes de débit) des systèmes de télécommunications optiques.

Annexe A : Banc de photoluminescence

L'ensemble des expériences de photoluminescence continue présentées dans ce manuscrit ont été réalisées sur le banc schématisé sur la figure ci-dessous.

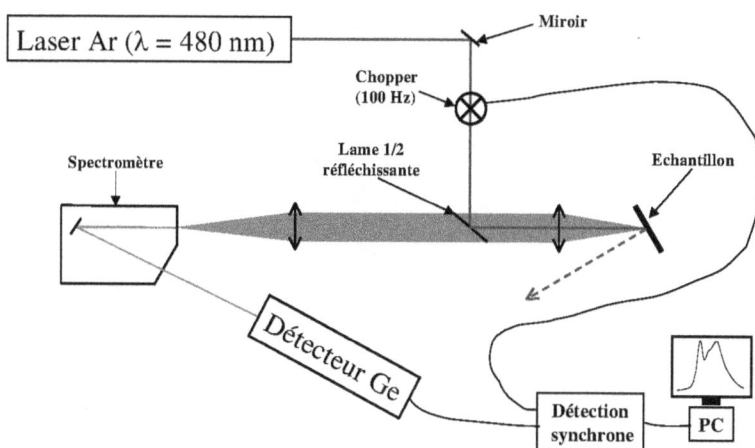

Le laser excitateur est un laser argon (λ = 480 nm : les porteurs sont excités dans les barrières et relaxent dans les boîtes ou le puits quantique de l'échantillon). Le faisceau, focalisé sur l'échantillon, présente un diamètre de 100 µm. La photoluminescence est focalisée sur les fentes d'un spectromètre, et le signal est détecté par une diode germanium refroidie à 77 K via un amplificateur à détection synchrone (fréquence 100 Hz). L'échantillon peut être placé dans un cryostat pour réaliser des expériences en fonction de la température.

www.ingramcontent.com/pod-product-compliance
Lightning Source LLC
Chambersburg PA
CBHW021031210326
41598CB00016B/982